U0192730

中国茶界的

安化奇迹

历见档 856
史证案 2023

湖南省档案馆
中共安化县委
编著

岳麓书社·长沙

# 编委会

---

总策划：叶 建 军　　石 录 明

主　编：欧阳甜甜　　廖 建 和

编　辑：李 朴 云　　文 政 安　　李 明 烨

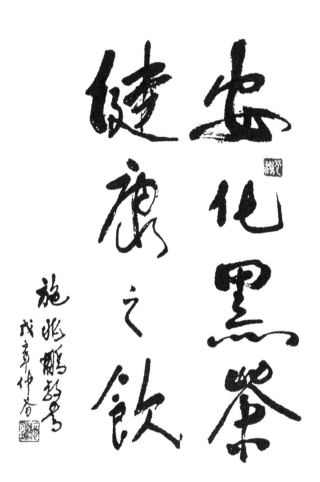

安化黑茶
健康之饮

施兆鹏书
戊子仲春

# 序

刘仲华

（中国工程院院士、湖南农业大学教授）

黑茶是我国六大茶类之一，是有微生物参与发酵和品质形成的独特的一大茶类。近10多年来，我国黑茶产业得到了快速发展，而安化黑茶是其中一支重要的主力军。依托悠久的生产历史、创新的加工工艺、深厚的文化底蕴，安化黑茶产业迅速崛起，成为中国茶界的"安化奇迹"。

查阅历史资料我们可以发现，安化是一个有着悠久黑茶生产历史的地域，这里生产黑茶已有上千年的历史，目前已知最早见诸文字的是唐宣宗大中十年（856）杨晔《膳夫经手录》"渠江薄片茶（有油苦硬）"的记载。北宋熙宁五年（1072）安化置县。安化黑茶作为中国代表性茶区的茶叶，西出阳关沿古丝绸之路输往西域各国，逐渐成为丝绸之路沿途各民族人民一日不可或缺的"生命之饮"。明清之际，安化黑茶沿万里茶道北上西进，成为万里茶道的主角。不论是过去在丝绸之路、万里茶道的传播，还是中华人民共和国成立以后坚持供应边销茶维护西北少数民族地区团结，以及整个黑茶加工技术的起源和发展，从科技和文化的角度来看，安化黑茶都具有深厚的历史文化底蕴。

我一直从事茶的研究工作，特别是对黑茶有着独特的情怀。我与黑茶的结缘是在20世纪80年代末，当时我刚刚研究生毕业，追随我的导师施兆鹏教授，与团队一起对黑茶加工和黑茶品质形成的理论与技术进行系统研究，奠定了黑茶加工的基本理论基础。从2005年开始，我率领我的团队专注研究安化黑茶。一是研究黑茶对人体的健康到底有什么好处，从健康的角度唤起人们关注黑茶、爱上黑茶。二是研究如何进行产品创新，把这个具有悠久历史和固定消费区域的传统产品，升级成为方便化、高档化、功能化、时尚化的产品，从西北地区走向各地老百姓的大众消费。三是研究如何通过加工生产的条件和技术的升级推进产业的发展，以清洁化、机械化、规模化、标准化打造现代黑茶加工产业。从这几个层级推动黑茶产业转型升级，推动黑茶消费领域向边销、内销、外销同步并举的消费格局拓展，推动加工技术向现代茶加工和食品加工跨越，实现安化黑茶从传统产业向大健康产业跨越。

茶叶是湖南的传统优势产业，早在2001年，省政府向全省下发了《湖南省人民政府关于加快茶叶产业发展的意见》。2006年，益阳市和安化县两级政府决定全力打造具有悠久产销历史和深厚文化底蕴的黑茶产业，培育"安化黑茶"区域公用品牌，相继成立了市、县两级茶产业领导小组和茶业协会。针对安化黑茶产业发展现状，制定了产业发展规划，形成了省、市、县三级联动和政产学研商协同的黑茶产业发展推进机制。以市场为导向，科技文化双轮驱动，形成了安化黑茶产业发展强大的推动力。在协力打造安化黑茶区域公用品牌的同时，重点培育龙头企业产业集群。

以湖南农业大学茶学团队"黑茶与健康"研究成果为市场消费驱动力，科技与文化融合，协同推进了安化黑茶的消费空间与消费群体的拓展。在湖南省重大科技专项等创新成果的支撑下，安化黑茶的生产加工走向清洁化、机械化、自动化、标准化，安化黑茶产品走向方便化、高档化、功能化、时尚化。

小小的一片叶子，承载一段历史，成就一个产业。安化10万贫困人口因茶脱贫，因茶致富。安化被称为"中国黑茶之乡"，安化黑茶产业经历10多年的持续快速发展，茶园面积、茶叶产量、产业规模、经济效益、品牌价值、市场影响力都进入了中国茶业第一方阵。安化黑茶已经成为中国茶业品牌化发展的成功典范，是湖南农业品牌的金色名片。我认为其成功的关键主要是两个方面：一是政府、行业、企业联动，持续打造安化黑茶区域公用品牌；二是科技与文化联动，推进安化黑茶产业转型升级，全面提升品牌影响力。

2021年3月，习近平总书记在福建武夷山市考察时首次提出了茶文化、茶产业、茶科技"三茶"统筹的理念。"三茶"统筹是中国茶未来发展的动力。安化黑茶要实现新一轮的高质量发展，必须真正贯彻习近平总书记"三茶"统筹理念，深化茶产业与茶科技、茶文化的融合。科技与文化的联动，会让产品品质的魅力得到更好的传播，让品牌能够传播得更远，让人们能够通俗易懂地了解茶产品所具有的科技内涵和文化内涵，助力茶产业走得更健康，茶产品走得更远。

　　本书通过发掘安化黑茶历史文化，对安化黑茶产业进行了多维度记录、展示与分析。通过档案史料我们可以触摸到安化黑茶的历史脉动，全景式地观察安化黑茶由传统到现代的发展历程，更清晰地复盘安化黑茶现代产业形成的成功实践。这有助于我们在历史和现实中把握未来，在传承和发扬中不断创新，对推动茶产业高质量发展，助力地方经济和乡村振兴，具有十分重要的借鉴和启迪意义。

2023年3月

# 目录

# 综　述

　　中国是茶的故乡，茶是当今世界三大饮料之一。黑茶是中国六大茶类中古老而年轻的成员。优越的自然环境、神秘的梅山文化和优良的茶树品种奠定了安化黑茶在中国茶文化史上的重要地位。唐宋以来封建王朝的茶马互市贸易、茶叶专卖政策和"茶马古道"的开辟，使安化黑茶成为船舱里运出来的珍奇，马背上背出来的传奇，骆驼驮出来的神奇；成为边疆牧民的生命之茶；成为巩固国家政权和维护民族团结的桥梁和纽带。安化被誉为"中国黑茶之乡"。

安化黑茶在明代被定为"官茶"之前属于"商茶"。因滋味浓厚醇和、量多质优价廉的优势受到边疆民族的青睐，被茶商大量越境私贩，强烈地冲击着汉中、四川"官茶"的市场。明万历二十三年（1595），围绕湖茶（安化黑茶）的禁运和开放，御史李楠和御史徐侨展开辩论，最终经户部裁决、皇帝钦定湖茶（安化黑茶）为"官茶"，这在安化黑茶发展史上具有划时代的意义。此后陕、甘、晋等地区的茶商云集安化，安化成为明代茶马互市的主要茶叶生产基地，至明末清初安化黑茶逐渐占领了西北市场。

清朝雍正年间，自唐宋以来延续近千年的中国茶马互市制度正式宣告结束，茶马贸易转由民间经营。安化人抓住机遇，敞开胸怀与晋、陕、甘等地茶商真诚合作，制定黑茶章程，打击假冒伪劣，开发适销产品，开拓黑茶市场，安化茶业空前兴旺，商贾云集，百里资水两岸拥有小淹、边江、江南坪、唐家观、黄沙坪、酉州、桥口、东坪等茶马古镇，茶行、茶号、茶庄达300余家，从业人员达10万之众，形成了"茶市斯为最，人烟两岸稠"的繁华景象。

民国时期社会动荡，东西方文化剧烈碰撞，中国处于近代社会的转型期。安化人以复兴茶业为己任，构建安化黑茶理论，生产由传统手工加工向近代机械化制作发展。民国初期，安化黑茶作为边销茶，受到政府重视，茶叶科研教育、茶种改良、机械制茶等得到发展。抗战期间，交通阻绝，客商纷纷离湘，安化黑茶大量积压，湖南省茶业管理处加强管理，成功开发黑砖茶用于对苏以物易物贸易；销售上改引票制为政府统购统销，安化黑茶业有所起色。抗战胜利后，由于内战爆发，捐税加重，货币贬值，茶农毁茶种粮，茶叶连年减产，安化黑茶日趋衰落。

中华人民共和国成立后，各级政府十分重视安化茶叶的生产和供应，安化茶业得到快速恢复并取得很大发展。这一时期大致可分为恢复期（1950—1985）和停滞期（1986—2005）。恢复期茶业衰败，党和政府采取加大茶叶无息贷款、奖励垦复茶园、建立茶叶组织、划定茶区功能、培育和引进茶树良种、加强茶园管理以及推广制茶设备、开发黑茶品种、培养茶叶人才等一系列措施恢复茶叶生产，至1985年茶园面积约25万亩，茶叶产销量达4.6万担。茶叶作为计划经济体制下的特殊商品的政策被放开后，虽然整个安化黑茶行业经历了艰难探索甚至一度面临生存危机，但仍有一批茶叶企业焕发青春，加大茶叶宣传力度，恢复传统黑茶品牌，研发生产茶叶新品种，积极参与市场交流，涌现了一批省、部优茶叶产品。

21世纪以来，安化县委、县政府以"茶兴我荣，茶衰我耻"为理念，抢抓市场和政策机遇，扩大和加强重点茶园、骨干企业的建设与改造；充分发挥国内外茶业文化节会和市场营销效应，着力铸造安化黑茶品牌的影响力；全力推进安化黑茶的标准化生产和科技创新；加大黑茶文化的整理和发掘，实施"茶旅文体康"一体化推进；安化黑茶产业朝着机械化、清洁化、标准化、科技化方向发展，呈现出欣欣向荣的景象。安化黑茶成为富民强县的主导产业。

　　安化茶产业发展现已迈入全新历史时期，安化县委、县政府坚决落实"三高四新"战略定位和使命任务，以推动"茶旅文体康"融合发展为主题，以奋力实现千亿湘茶"半壁江山"为目标，以茶旅产业链建设为抓手，坚持科技创新赋能、文化创新铸魂，不断完善安化黑茶产业发展新路径，全面推动安化黑茶产业"转型升级、做大做强"，力争将安化打造成世界黑茶之都。

安化是古梅山核心地区，这里自古是"化外之地""国中之国"。古梅山先民依据优异的茶叶资源，活跃在历史族群和朝野斗争的舞台。北宋"开梅山"，安化置县，安化茶叶成为中国茶马互市制度和榷茶（专卖）制度的主角之一。明代，安化主产的"湖茶"确立"官茶"地位，大规模销往西北地区，安化芽茶被定为贡茶持续明清两代500多年。清代商茶兴盛，安化茶全面进入产业规模化、产品体系化、销售商品化的时代，成为举世闻名的万里茶道上的重要力量。

# 第一章

## 唐代以前历史悠久

　　安化古代称"梅山蛮地"，地域辽阔，独特的地理和气候条件，成就了"山崖水畔，不种而生"的茶树生长环境。虽然目前尚找不到汉代以前安化茶的文字记载，唐代以前的史书对安化茶的书面记载也不多，但可以从流传下来的文化遗产中解读到一些信息，即古梅山地区在远古时代就开始利用茶叶，民间以茶入药、以茶为食的传统一直流传至今。

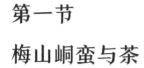

# 第一节
# 梅山峒蛮与茶

"梅山"不是山名，而是一个特定的历史文化区域名称。元代末年，由脱脱和阿鲁图先后主持修撰的《宋史·梅山峒蛮传》指明了宋代的梅山区域"其地东接潭，南接邵，其西则辰，其北则鼎、澧，而梅山居其中"。仔细推敲这段文字，应有两层含义：一是梅山区域的四界；二是"梅山居其中"，有它的核心区域。从四界可以看到这一地域几乎包括现今的娄底市全境，益阳市的安化，益阳市桃江县的部分地区，邵阳市新邵、隆回、邵东、邵阳县的部分地区，怀化市的辰溪、溆浦，以及湘潭市的湘乡的部分地区。其中安化、新化是古梅山核心地区。

这一地域，秦属长沙郡，西汉属长沙国，东汉属荆州长沙郡，三国属吴荆州，西晋属荆州，东晋、南北朝属湘州，隋分属长沙郡、沅陵郡，唐属江南西道的潭州、邵州，五代时分属楚之潭州、邵州、叙州，北宋属荆湖南路的潭州长沙郡和邵州邵阳郡。虽说这一地区早有归属，实际上，这块土地从未受到历代王朝实质性的、有效的管控，而是一块"化外之地"。

唐僖宗光启二年（886），石门峒酋向瑰率武陵蛮攻占州县，陷澧州，杀刺史吕自牧，自称刺史，召梅山十峒断邵州道。梅山遂为蛮所据，号曰"梅山蛮"（据《新唐书·邓处讷传》）。这是"梅山蛮"首次见于记载，后世称为"梅山峒蛮"。

宋熙宁五年（1072）"开梅山"，北宋建新化县归邵州管辖，建安化县归潭州管辖。从此，封建王朝在这块土地设立了县级政权、派来了官员，"新化""安化"之名从此替代了"梅山"，成为了一块新的"王化之地"。从此，"梅山"之名只存在于王朝的典籍和老百姓的口传文化之中，如梅山蛮、梅山神、梅山教、梅山法术等。而梅山作为地域名，仅成为一种模糊的地域概念和不知来由的地理名称。

考古证明，在上万年以前，包括安化在内的古梅山地区已经有人类活动。目前湖南发现的史前文化遗址数以千计，其中旧石器时代遗址300多处，分布在湘、资、沅、澧四水流域和洞庭湖平原。杨理胜《史前时期的梅山蛮族及其文化》等考古研究论文介绍：安化小淹、

梅山神祇张五郎

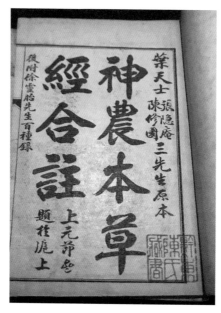

《神农本草经合注》

杨石村、苞芷村①、桃源印家岗、益阳电厂、黄泥山等地的旧石器时代遗址有工具出土，这些地区的梅山先民所居皆在河流下游的平原地带。

有迹象表明，梅山峒蛮在远古时期即开始利用茶叶。中国人对茶的认识从远古就开始了，所谓"神农尝百草，日遇七十二毒，得荼（茶）而解之"。而安化所在的梅山地区，世代相传的民间"草药郎中"直到现代还保留采野茶入药的"梅山古方"。而以茶叶为重要原料的安化擂茶，则一直是民间日常食用和待客的特色食物。此外，民

①属小淹镇管辖。2008年建制村合并，苞芷村与泥湾村合并为苞芷园村。

江南镇永兴茶亭

间还有不少世代沿袭的茶礼习俗。这些都可以说明，梅山地区在以茶为饮、以茶为业之前，就已经对茶叶的食用、药用功用有所认识。

安化远古先民认识并使用茶的基础是安化"山崖水畔，不种而生"的茶树。安化被认为是中南地区唯一尚存原始野生型古茶树的地方，古楼乡的野生型古茶树、云台山大叶种等例证，表明安化的野生古茶树和大西南的古茶树及陆羽曾经记载的巴山野生大茶树，都是一脉相承的。

明末清初大思想家顾炎武在其代表作品《日知录》中记载"自秦人取蜀之后，始有茗饮之事"。世人普遍认为古巴蜀之地最先兴起饮茶。那么安化先民什么时候开始饮茶？一种比较流行的说法是，安化先民饮茶极有可能产生于秦汉时期的民族交流之中。梅山地区历史上原住民以苗蛮、莫徭为主，但也有其他少数民族和汉族人加入。古蜀国的巴人分裂之后，其中的白虎夷人逐渐东迁，秦时已进入巴汉地区甚至更偏东南的地域，白虎夷人极有可能形成了饮茶的习惯，他们也正是以后土家族的祖先，而安化自古至今都有土家族居住，比如现在的马路镇苍场管区，就居住着许多土家族人。这些有可能原为巴人，已经形成了饮茶习惯的迁入者，把这种习惯以及其对于茶叶的认识，传给了到处都有野生茶树的梅山地区的土著居民。

史料最早与梅山有关茶事记载的是三国张揖《广雅》，他明确提出了"荆巴间采茶作饼"的概念。这说明至迟在三国时期，梅山所处

陶必铨《鹞子尖茶引》

的荆楚地区，出现了与后世制茶相近的茶饼。此后，《荆州土地记》记载："武陵七县通出茶，最好。"这应该是离梅山地区最近的最早的茶事记载。

出生于安化县的清代两江总督、大学士陶澍及其父亲陶必铨认为，安化所属的梅山境内，夏商周时代即产茶。陶必铨在《鹞子尖茶引》一文中论证，"《禹贡》荆州之域，三邦底贡厥名，李安溪以为名茶类，窃意吾楚所辖，如今之通山、君山及吾邑，实属产茶之乡。六书中古简（即六书造字多古朴简约之意），后人始加以草，而名乃从茗"。

"三邦底贡厥名"（底贡，即进贡）语出《禹贡·荆州》："三邦底贡厥名，包匦菁茅。"也作"三邦致贡其名"。清代康熙朝大臣、理学名臣、福建安溪人李光地认为"名，茶类"（见李光地《尚书七篇解义》卷二），"荆地有三邦者，贡此诸物也。名，或曰'茗'也。古字通。周礼祭祀丧纪则聚茶，盖亦大礼所用，故与包茅并言。"

陶澍也说："我闻虞夏时，三邦列荆境。包匦旅菁茅，厥贡名即茗。"认为虞夏之时，安化所处的古荆州境内分布着三个邦国，向中原王朝进贡用以滤酒的三脊茅，另外所贡的"名"就是茗茶（包匦，裹束而置于匣中，旧亦指贡品。旅，野生的。菁茅，一种香草，古代祭祀时用以滤酒。一说菁、茅为二物）。

以上有关茶叶的描述，可以从若干侧面反映梅山蛮利用茶叶的情形。

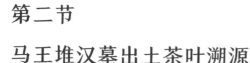

# 第二节
# 马王堆汉墓出土茶叶溯源

　　1987年，由湖南省农业科学院主管、湖南省茶叶学会主办的《茶叶通讯》学术期刊发表了一篇文章，研究分析马王堆汉墓中竹篾箱中的黑色颗粒状物品，通过切片分析，确认为茶叶。

　　长沙马王堆汉墓的挖掘是1972年轰动世界的重大事件，也是世界考古史上的一大奇迹。这座2,000多年前的西汉墓葬中，不仅出土了一具完整女尸，还出土了令人难以想象的大量珍贵文物，数量多达3,000余件。其中一箱黑米状颗粒引起考古研究人员的注意。切片分析发现，有些物质类似"茶脉木质部"。同时出土载有"槚一笥"的竹简

长沙马王堆汉墓发掘现场

（木椟）。"槚"字，古文字学家认为即《尔雅》中所说"槚，苦荼"之"槚"。"槚一笥"意即"苦荼一箱"。

这箱茶叶的出土给人们留下了一个悬念，茶叶从何而来，成了人们迫切希望解开的谜团。

2008年9月21日，《益阳晚报》头条位置发表了《马王堆出土茶叶源自安化黑茶》一文，作者为时任益阳市茶叶局局长的高级农艺师易梁生。易梁生经过长期研究，认为有六大理由可以支撑马王堆汉墓出土茶叶来自安化。

第一，从地域位置来看，汉唐时期，今安化县境隶属长沙郡（长沙国）管辖，而安化茶叶品质优良，是封建社会上层人士的首选。

第二，从陪葬的意义来看，安化早期的黑茶是用松枝松木烘烤干燥而成，具有气味特香、杀菌防腐功效强等特点，陪葬功能显著。也只有这样加工制作的茶叶才有保存长达2,000多年的可能。

2008年9月，《益阳晚报》报道马王堆出土茶叶源自安化黑茶

第三，从茶叶的包装材料看，马王堆汉墓出土的茶叶是用竹篾箱装着的，安化黑茶有史以来就是用竹制品包装，且沿用至今，这是安化黑茶的鲜明特征，也是安化黑茶包装的历史原型。

第四，从交通运输上来看，安化黑茶水路经资水顺水行舟入洞庭可直达长沙，陆路用人挑马驮到长沙也比较便利。

第五，从茶的形状来看，马王堆出土的茶叶都是规则不一的黑色小颗粒，与我们现在所看到的陈年（非紧压）安化黑茶如出一辙。

第六，安化历朝历代就是宫廷贡茶的原产地，汉朝时的安化向其郡首贡茶，合情合理。

因此，易梁生推断，长沙马王堆汉墓出土的茶叶是安化茶的可能性极大。易梁生的观点得到省内茶叶界专家的高度认同。我国著名茶叶专家、湖南农业大学教授施兆鹏认为，这一观点对研究安化黑茶历史以及整个湖南茶叶生产发展进程极具科学价值。全国人大代表、茶文化专家蔡镇楚教授表示，马王堆汉墓出土茶叶可能是安化黑茶之原型。

西汉王褒在四川所作的主奴契约《僮约》是一篇极其珍贵的历史资料，文中有"筑肉臛芋，脍鱼炰鳖，烹茶尽具"和"牵犬贩鹅，武阳买茶"的语句，这是目前发现的我国也是全世界最早的关于饮茶、买茶和种茶的记载。从这篇文章可以看到，在当时的"蜀郡"，烹茶、买茶是家庭极为平常的日常生活。

汉景帝刘启是西汉第六位皇帝，距今2,100多年。1998年，中国考古工作者在陕西的汉景帝陵墓汉阳陵发掘出疑似茶叶的碳化物残渣，2015年经中国科学院地质与地球物理研究所鉴定分析，确认为茶叶（茶芽）。

各种记载和考古发现表明汉代茶事已经越来越趋于丰富。西汉学者、辞赋家扬雄在其著作《方言》中记载说"蜀西南人谓茶曰蔎"。而东汉文字学家许慎在《说文解字》中专门对茶进行了解释："茶，苦茶也。"在中国首部字典中收入了"茶"字，说明茶在当时生活中的重要性。而茶的药用功能被权威地记录，则是在西汉辞赋家司马相如的《凡将篇》中。其中记录有20多种药物，包括"乌喙，桔梗，芫华，款冬，贝母，木蘗，蒌，芩草，芍药，桂，漏芦，蜚廉，藿菌，荈诧，白敛，白芷，菖蒲，芒消，莞椒，茱萸"，其中的"荈诧"就是茶。就因为这两个字，陆羽将司马相如和他的《凡将篇》一起选入《茶经》，由此可以证明，茶在汉时的药理作用，意义有多么重要。

可以推测，当时的长沙国（郡），已经形成了饮茶的风尚。而历史已经证明，安化是这个区域最优质的茶叶生长地，这也在一定程度上佐证了马王堆汉墓出土的茶叶来自安化。

安化古茶树

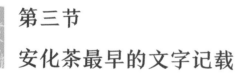

# 第三节
# 安化茶最早的文字记载

目前所能查到关于安化茶最早的文字记载，是唐人杨晔所著《膳夫经手录》和五代毛文锡所著《茶谱》。

杨晔，唐代巢县县令，所作的《膳夫经手录》全4卷（今仅存残本），是唐代的烹饪书、茶书。书中概述了饮茶的历史，介绍了各地的茗茶。《膳夫经手录》中有"渠江薄片茶（有油苦硬）"的记载。

杨晔所处的时代，全国已出现了较大规模的茶叶贸易集散地。白居易《琵琶行》中有"门前冷落鞍马稀，老大嫁作商人妇。商人重利轻别离，前月浮梁买茶去。去来江口守空船"的诗句。《元和郡县图

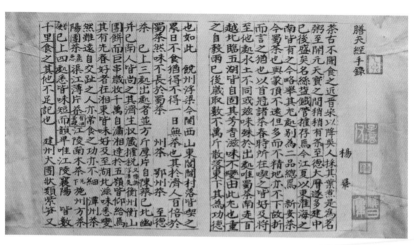

杨晔《膳夫经手录》

志》也有浮梁"每岁出茶七百万驮，税十五余万贯"的记载。

唐代茶叶贸易有力地带动了茶叶生产的发展，同时也带动了茶叶制作技术和品质的大幅提升。《膳夫经手录》记载"今关西、山东，间阎村落皆吃之，累日不食犹得，不得一日无茶"。说明中原地区都已嗜茶成俗，南方茶的生产和全国茶叶贸易得到了空前的发展。

毛文锡，字平珪，五代前蜀后蜀时期大臣、词人。935年前后，毛文锡集茶事研究之大成，撰写《茶谱》一卷，记茶故事，已佚，陈尚君辑本辑得41条。从佚文看，该书重点讲的是中唐前后名茶的产地、品性，由此涉及唐七道三十四州产茶情况，记载了40余种唐代名茶之品名、性状。唐代是我国茶文化成长的一个高峰时代，符号之一是天下第一部茶学著作——《茶经》的问世。然而，较之《茶经》，《茶谱》所载又有很好的拓展，也算是中国茶文化史上的巨著。

毛文锡《茶谱》载："长沙之石楠，其树如棠楠，采其芽谓之

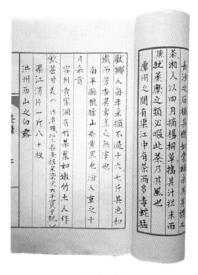

毛文锡《茶谱》

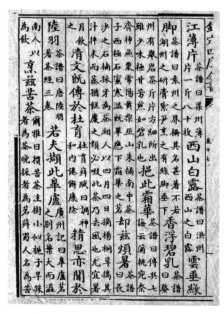

《四库全书》关于渠江薄片的记载

茶。湘人以四月摘杨桐草，捣其汁拌米而蒸，犹蒸糜之类，必啜此茶，乃其风也。潭州之间有渠江，中有茶，而多毒蛇猛兽，乡人每年采摘不过十六七斤。其色如铁，而芳香异常，烹之无滓也。"又载"渠江薄片，一斤八十枚"。

杨晔的《膳夫经手录》与毛文锡的《茶谱》两文中均有"渠江薄片"的记载。

杨晔《膳夫经手录》对安化茶殊无好感，说渠江薄片茶"有油苦硬"。但毛文锡的《茶谱》却对安化茶大加赞赏，不仅"其色如铁"，而且"芳香异常""烹之无滓"。两者之间所描述的差距不可能是安化茶品种的进化，而应该是制作方式的进步。即极有可能是利用了中唐时期饼茶在长途贩运过程中自然发酵的现象，并将其运用到

"铁色茶"的制作中。

山西祁县晋商文化博物馆内,有一本长裕川茶庄的手抄本,其中说到安化唐代就产茶。该手抄本后收录为《祁县茶商大德诚文献》,又名《行商遗要》,其中记载:"预启,贵境(安化)智慧董事君子雅鉴:窃思近来世道,人心大变,不学孔孟,尽效墨翟。尝闻茶出唐朝贵地,宋属中国,产出茶叶,秦国原定引地。晋省历代谕旨招商,而两省商人来安采办黑茶。"

明朝嘉靖《安化县志》记载:"宋茶法严……产茶比他乡稍佳。谣云:'宁吃安化草,不吃新化好',指茶也。"这足以说明安化境内一直出好茶。

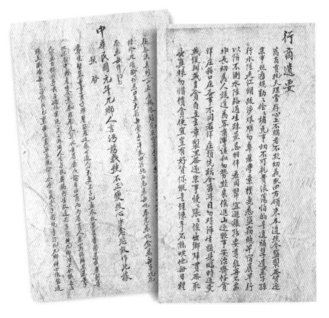

山西《祁县茶商大德诚文献》(《行商遗要》)手抄本

《四库全书》中《事类赋》卷十七饮食部《茶》记载"则有渠江薄片"。

清代赵学敏《本草纲目拾遗》第六卷记载，"《湘潭县志》：《茶谱》有潭州铁色茶，即安化县茶也"。

清康熙《安化县志》记载："汉梅山隶长沙益阳地。"安化在没有建县之前叫梅山，北宋章惇开梅山时设置安化、新化二县，以安化县隶于潭州府，新化县隶于邵州府。而渠江流经地正好处于邵阳与潭州的结合部，也就是"潭邵之间"。

1993年版《安化县志》记载："安化产茶历史悠久。唐代渠江（今属连里乡）出产的薄片已颇有名气。宋置县时，茶叶产量已甲于诸州县。"

安化县万里茶道申遗办公室工作人员及相关学者对渠江流经地及江名变化、历史足迹和渠江薄片工艺的演变进行了考证，推定渠江薄片原产于安化县的渠江镇，符合安化黑茶历史发展轨迹。

# 第二章

# 宋代因茶置县

清同治《安化县志》载："（北宋）启疆（建县）之初，茶犹力而求诸野……山崖水畔，不种而生"，"崖谷间生殖无几，唯茶甲诸州县"。追溯安化的历史有一个非常有趣的现象，就是安化在北宋熙宁五年（1072）才"因茶置县""归安德化"。那就是说安化先有茶后建县，是安化茶造就了安化县。

# 第一节
# 马楚兴盛梅山茶功不可没

据《旧五代史·唐庄宗纪》《新五代史·南唐世家》记载，五代十国时期马氏楚国统治湖南40多年。

907年，后梁封马殷为楚王，都潭州，号长沙府。一般认为，这是五代十国楚国的建立时间，历史上又称"楚国"为"马楚""南楚"，这是历史上唯一以湖南为中心建立的王朝。马楚国一直延续至951年，全盛时期，疆域包括武安等5个节镇和潭州等24个州，相当于今天湖南全境和广西东北部地区。马殷自896年割据湖南开始，就推行"内奉朝廷（残唐）以求封爵而外夸邻敌，然后退修兵农，畜力而

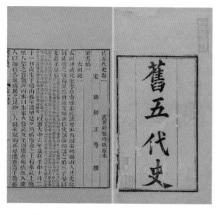

《旧五代史》

《新五代史》

《十国春秋》

有待尔"的基本国策，将茶业作为割据政权的经济支柱之一。

清人吴任臣编辑的传记史书《十国春秋》卷六十九中有这样一段记载："开平二年（908）六月，判官高郁请听民售茶，北客收其征（即茶税）以赡军，从之。秋七月，王奏运茶河之南北，以易缯纩、战马，仍岁贡茶二十五万斤，诏可。由是属内民得自摘山造茶而收算，岁入万计，高另置邸阁居茗，号曰八床主人。"又据《资治通鉴》记载，"马楚"以岁贡等形式向中原政权卖茶，"于中原卖茶之利，岁百万计"，"由是地大力完，数邀封爵"。

从上述记载可以看出：马楚向当时北方的后梁政权年贡茶达到25万斤，而从南北茶叶贸易中所获得的税费收入每年达数十万两（白银）。茶业经济之利，为马楚统治者所认识并加以大力发展。

整个五代时期，以安化为中心的梅山地区事实上是马楚国的"国中之国"。梅山道路险阻、峒蛮桀骜，马楚政权直到灭亡也没有对这一区域形成有效的统治。梅山地区与马楚的政治经济文化核心长沙近在咫尺，梅山蛮所需的生产、生活和战略物资都需要用本地特产向周边的益阳、长沙（马楚国都城）、邵阳（时称"敏州"）交换。当时的湖南茶，有名者仅潭州、衡州、岳州而已，且前三州产量相对有限，潭州近郊产量亦不多，继晚唐潭州茶有益阳团茶、渠江薄片后，此时恐都以潭州铁色茶名世。因此，马楚国巨额商品茶极为可靠的来源就是以安化为核心的梅山峒蛮地区。

这一时期，南方诸国境内，各国统治者竞相垄断本国的茶叶贸易。前蜀、吴越、南唐均如此，马楚政权做得更妙。从马楚国每年巨额的茶叶销售和与"梅山蛮"的交往贸易来看，马楚时期开始，梅山地区的茶叶已经开始大规模、远距离地参与到中国南方与北方的茶叶贸易中。由此可见，马楚国进行了中国历史上一次成功的"茶业经济"实践。

# 第二节
# 古老茶区"归安德化"

《宋史》卷四百九十四《西南溪峒诸蛮下》记载："梅山峒蛮，旧不与中国通。其地东接潭，南接邵，其西则辰，其北则鼎、澧，而梅山居其中。……太平兴国二年，左甲首领苞汉阳、右甲首领顿汉凌寇掠边界，朝廷累遣使招谕，不听，命客省使翟守素调潭州兵讨平之。自是，禁不得与汉民交通，其地不得耕牧。"

梅王扶汉阳

　　在赵宋王朝立足未稳，长达百余年的时间内，朝廷对梅山峒蛮进行了残酷的镇压和严厉的经济封锁。其主要内容：一是禁止已经编入户籍的益阳、长沙等周边百姓耕种靠近梅山的土地，二是禁止向梅山地区输入盐铁等重要物资。这种落后的封锁政策，使梅山蛮承受了巨大的生存压力，他们难以得到生活必需的盐，形成了"何物爽口盐为先"的风俗，过着"溪水供餐瘿颈粗（没盐吃得了大脖子病）"的悲惨生活。没有铁来打制农具、兵器，也使生产力、战斗力有下降之虞。这也是五代末年至宋太平兴国年间，梅山蛮数次攻打周边城镇的主要原因。

　　《宋史·本纪》卷十五记载：宋神宗熙宁五年（1072），"章惇开梅山，置安化县"。这是一片不安于"王化"的土地，安化县名，取"归安德化"之意。

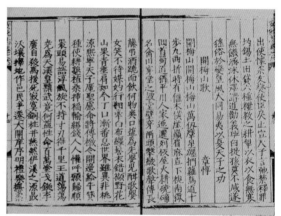

明嘉靖《安化县志》所载毛渐《开梅山颂》、章惇《开梅山歌》

清同治《安化县志》

北宋"开梅山"的重要原因除了政治上寻求统一之外，还有一个重要的经济方面的因素，那就是茶叶。

《宋史》卷二十六记载："吏部郎阎苍舒言：'马政之弊，不可悉数。今欲大去其弊，独有贵茶。盖敌人不可一日无茶以生，祖宗

西北民族"不可一日无茶"

时，一驮茶易一上驷，陕西诸州岁市马二万匹，故于名山岁运二万驮……'"继五代时期南方茶叶大规模北上销售之后，回鹘人、党项人、吐蕃人等已经养成了"不可一日无茶以生"的习俗，无论是北宋与西北民族之间的贡赐贸易、榷场贸易还是民间贸易，茶叶都成为交易的大宗产品。特别是吐蕃对茶叶的需求更为迫切。《洮州厅志》记载"番地苦寒，五谷不生，所种惟青稞、菽豆已耳，土人碹作炒面，杂以芜菁、酪浆，非茗饮辄病，则茶不可须臾离，若潜制其命者"。

宋太宗太平兴国八年（983），盐铁使王明上书"戎人得铜钱，悉销铸为器"。因而朝廷设"买马司"并禁止以铜钱买马，改以茶换马。

西北民族离不开茶，北宋需要茶叶与西北各民族换购马匹，于是，茶的战略地位迅速提升。安化茶叶产量比其他州县多，引人瞩目。

综观开梅山的历史过程，安化因茶置县的主要因素是茶马互市制度的确立。熙宁年间，结合榷茶制度分别设立茶司、马司掌以茶易马之事。茶马互市制度的确立，直接导致了"蜀茶总入诸蕃市，胡马常从万里来"的盛况（北宋著名文学家、书法家黄庭坚诗），从而也使安化茶进一步进入统治者的视野，从理论上使安化"因茶置县"成为可能。

两宋时期，湖茶进贡数量很大。《宋史·食货志》记载"荆湖岁课茶二百四十七万余斤。后茶法屡变，岁课日削，荆湖二百六万余斤"。荆湖南路安抚使为了保护重点茶区，在安化资水之滨的龙塘设寨，派兵把守，控制茶叶水陆运输要道，可见安化茶区的重要性。

# 第三节
# 榷茶制度使安化茶成主角

宋朝于太祖乾德二年（964）开始对茶叶实行专卖制度：即允许民间种茶，但必须由官府统一收购，然后批发给商人进行销售，这就是榷茶制。榷茶制不仅增加朝廷的财政收入，而且通过控制茶叶，最大程度地实现了对周边国家的影响，将茶叶上升到国家战略的重要地位。

西北游牧文明与中原农耕文明是中国封建王朝发展历程中的主角。两宋时期，为对抗北方辽、金、西夏等游牧政权的侵扰，需要大量战马。为了获取战马，保持边境地区的稳定并充实国库，宋朝中央

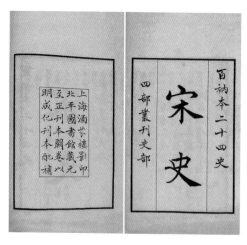

《宋史》

政权开始直接介入茶马贸易，建立起官营茶马交易制度。于是，茶就变成了游牧文明与农耕文明之间不可或缺的战略物资。

宋朝实行的榷茶制度起初仅限于江淮、东南一带，随着财政吃紧，熙宁七年（1074），朝廷打破四川的"特区"地位，在川陕地区增设提举司，对四川茶叶实行榷茶制度。后来范围逐步扩大到所有的江南北销茶，"令京师、建安、汉阳、蕲口并置场榷茶"，"令民茶折税外，悉官买"。在太平兴国年间，形成了相对稳定的六务十三场，处理各地茶政。

太平兴国二年（977）宋朝统一了南北榷茶制度。太平兴国三年，闽越相继归入北宋，自此，除了广南、四川外，榷茶制度推行到全国各地，即"天下茶皆禁，唯川峡、广南听民自买卖，禁其出境"。

宋初确立的榷茶制包括这样几方面的内容：

其一，官府与园户之间。在产茶的江淮闽浙荆湖诸路，将茶叶生产者编制为"园户"，设官置吏，统一管理。园户作为专门的茶叶生产者，其与官府之间形成一种类似合同的法律关系。园户生产茶叶，首先有权获得由官府发放的"茶本钱"，以此作为茶叶卖给官府的对价。而园户所产的所有茶叶，不管是输租所用，还是折税所用和卖给官府，最终都垄断在官府手中，商人若要经营茶叶，只能从官府手中批发。园户和官府之间除了横向的合同关系之外，还有纵向的管理关系，其与官府之间的产销关系具有强制性。园户对自己的劳动成果只具有占有权，而不是所有权。

其二，官府与商人之间。官府的茶叶经营机构由京师榷货务、沿江六榷货务、十三山场组成。园户所生产的茶叶，由十三山场就近收购并批售，然后运往在沿江设置的六榷货务，由六榷货务批发给商人。十三山场兼有收购和批发功能。沿江六榷货务接收由其他诸路的产茶州军从茶场收购来的茶叶并批发，设置在京师的榷货务"但会给交钞往还，而不积茶货"。也就是说京师榷货务的职能是收钱和发引，不负责茶叶的具体出纳。商人经营茶叶先向京师（在东南各地官府也可以）榷货务纳钱交款，发给不同的买茶凭证。商人持该凭证（引）到沿江榷货务或者十三山场去领取茶叶。

其三，以刑法来保障榷茶制度的实施。以贩易茶叶的数量确定不同的量刑等差，形成了比较严密的私茶法。"民敢藏匿不送官及私贩鬻者，没入之，计其直百钱以上者杖七十，八贯加役流，主吏以官茶贸易者，计其直五百钱流二千里，一贯五百及持仗贩易私茶为官司擒捕者，皆死。"私茶法包括对园户和茶商私自交易的处罚、园户私自毁败茶树的处罚、聚众持械贩易私茶的处罚、主管经手茶叶的官吏监守自盗擅自贩易的处罚，以及对巡防卒私贩茶的处罚，区别上述各种情况，性质轻重有别。

宋初的榷茶走的是一条官购商销的间接专卖的路子。由于茶叶牢牢地控制在官府的手中，对私茶进行严厉的处罚，再加上一系列保证茶叶产量的措施，有力地保证了官府的收入。"至道末，鬻钱二百八十五万二千九百余贯，天禧末，增四十五万余贯"，可以说，宋初的榷茶是相当成功的，受到后世统治者的赞赏和仿效。元、明、清的榷茶制度，基本上都沿用北宋的制度。榷茶制度始于唐代，兴于宋代，至晚清才告消失。

益阳古称"荆楚要塞，吴蜀门户"，历史上驿道交通发达，由于荆湖岁课茶数额巨大，朝廷在安化县置博易场，并在安化资水之滨的龙塘设寨，派兵控制茶叶水陆运输要道，保护重点茶区。安化茶的辉煌，与"茶马互市"和榷茶政策的实施密切相关。

安化建县后，宋朝廷就设博易场于县境（见《宋史·食货志》），即同治《安化县志》所称的"茶场"，运入米盐布帛，交换以茶叶为主的土特产，以满足换取马匹的需要。博易场是北宋朝廷主持设立的商品交换的官方市场，即所谓"溪峒缘边州县置博易场，官主之"。安化县博易场至元祐三年（1088）裁撤，其间最少存在了10余年。而且安化博易场由于以茶叶交易为主，因此允许农户先行赊易货物，而以来年新茶偿付，故在博易场撤销时，宋哲宗特地命令免除赊货的利息，只要求偿还本钱。裁撤安化县博易场的决策是应荆湖南路安抚司请求，其原因应该是当时朝廷茶法改革，安化茶叶交易多以现钞进行，以物易茶的博易场已经没有必要存在。

明嘉靖《安化县志》卷五杂记记载："宋茶法严……，大帅王侍

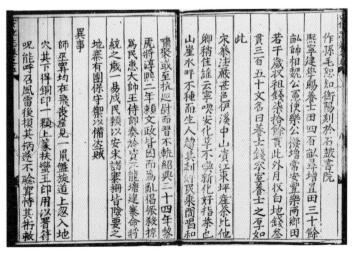

明嘉靖《安化县志》记载宋代在安化龙塘设寨护茶

郎奏于资江龙塘建寨，命将统之，岁一易戍，民赖以安。宋诸寨栅皆险要之地，寨有团保守御，以备盗贼。"之所以在龙塘建寨，"诸寨栅皆险要之地，寨有团保守御"，是因为北宋时期这里就是广西至汴京的驿道、茶道必经之地。《安化县志》（1992年版）记载：宋哲宗元祐三年，资水、伊溪一带产茶，资水滨设茶场（交易场），"茶商军"护送茶叶北运。

茶叶在当时除了"易马"之外，还有一个重要的作用就是"入中"。北宋前期，经过雍熙北伐澶渊之盟，宋廷已经无力北顾，不得不陈兵西北，巩固边疆，而边疆兵食则依靠商人的"入中"来保障，于是南方的茶叶开始大规模运销北方。"雍熙二年三月（据考证，实为雍熙三年，即986年），令河东、北商人如要折博茶盐，令所在纳银赴京请领交引"，"至京师给以缗钱，又移文江、淮、荆湖给以茶及颗、末盐"。这里记载得很明白，不仅雍熙年间就开始允许商人向西北销售茶叶，而且其中有一部分茶叶就来自湖南（荆湖南北路）。因此，熙宁五年（1072）开辟梅山后、熙宁七年禁榷川茶，并对西北茶业市场进行了官营垄断。

南宋虽取消了茶叶专卖，但征税很重，管制极严，各地茶贩小商为了生活，组织"茶商军"对抗官府，进行武装流动购运，不纳税捐。宋孝宗淳熙年间（1174—1189），先后有黎虎将、赖文政为首领的两支茶商军进入安化境内购茶（见清同治《安化县志》，赖文政误为赖文治），每队3,000—4,000人。不久，"茶商军"为提刑林光朝所败，折回江西，1175年12月，被江西提刑辛弃疾诱杀于九江。起义失败后，在安化茶叶集散地东坪、江南一带的西北少数民族茶商仍然铤而走险，继续悄悄地贩运销售安化黑茶。

# 第三章

# 明代成为官茶

《明史·食货志·茶法》开宗明义，"番人嗜乳酪，不得茶则困以病。故唐宋以来，行以茶易马法，用制羌戎，而明制尤密"。又据《清史稿·食货志》载："明时茶法有三：曰官茶，储边易马；曰商茶，给引征课；曰贡茶，则上用也。"即明代把茶分为三种，每一种的用途及管理方法均有不同。史料证明：真正导致安化茶叶发展出现重大飞跃，或者说为安化茶叶发展的重大飞跃奠定基础的，是明朝。明代的安化茶，地位十分显赫。仙溪等"四保"所产芽茶被朝廷定为贡茶，史称"四保贡茶"。安化黑茶则成为明代晚期名正言顺的官茶，从而奠定了南北茶叶交易大宗产品的地位。明朝是安化茶叶发展史上至关重要的时期。

# 第一节
# 安化黑茶官茶地位的确立

　　《明史·列传第九》记载："安庆公主，宁国主母妹。洪武十四年下嫁欧阳伦。伦颇不法。洪武末，茶禁方严，数遣私人贩茶出境，所至绎骚，虽大吏不敢问。有家奴周保者尤横，辄呼有司科民车至数十辆。过河桥巡检司，擅捶辱司吏。吏不堪，以闻。帝大怒，赐伦死，保等皆伏诛。"

明太祖朱元璋画像

明洪武三十年（1397），明太祖朱元璋曾为了贩运私茶干了一件让朝野震惊的大事。这一年，朱元璋的女婿、当朝驸马欧阳伦奉旨到四川和陕西巡边，不想打起了走私茶叶的主意，他的管家周保更是狗仗人势，喝令地方官员摊派民车数十辆供他装运茶叶，运往边关贩卖。陕西布政使以及一些府县地方官员都不敢过问，欧阳伦的车队一路畅行无阻。但万万没想到的是，经过陕西蓝田县的一个关卡时，被一个忠于职守的巡检司税官扣押了，押车的周保指使兵丁揪住这名税官一顿拳脚，税官不堪其辱，写了一道奏章向朝廷报告。朱元璋接到奏章后，见违反禁令的竟是自己的女婿，立即派员前往调查，证明奏章属实。为了明朝的千秋大业，朱元璋下令让驸马欧阳伦自尽，周保等相关的人都被处死。

明朝以茶易马是战马的重要来源，明朝在西北地区的西宁、河州①、庄浪②等地设立茶马互市。据《明史·食货志》记载，仅雅州③茶马司对西藏输出茶叶就达百万斤，年马匹交易量达万匹之多，茶马贸易愈加繁盛。巨大的需求引得不少人铤而走险，贩运私茶。

为了加强对官茶的管理，明朝一开始就制定了极为严格的禁榷政

---

① 州、路、卫、府名。明洪武初先后置河州卫、府，不久并府入卫；成化中复分卫置州，清雍正中并卫入州；不辖县。1913年改导河县。

② 今甘肃永登。

③ 隋仁寿四年（604）置州，因境内雅安山得名。治严道（今雅安市西）。唐辖境相当于今四川雅安、荥经、天全、芦山、小金等地。清雍正七年（1729）升为府，治雅安（今市）。辖境西部扩大至今甘孜藏族自治州地区。1913年废。

策。明太祖洪武十九年（1386）增设碉门、黎州两处茶马司，"诏天全六番司民，免其徭役，专令蒸乌茶易马"。同时，由朝廷颁发给西北番族部落金牌符信，作为纳马易茶的凭证，持有金牌的各部落每三年向朝廷按预定数目交纳一次马匹，朝廷差京官赍捧金牌信符，到附近番族招番对验，并按一定比价，发给纳马番族一定数量的茶叶。

"奸商利湖南之贱，逾境私贩，番族享私茶之利，无意纳马，而茶法、马政两弊矣"。私贩茶叶更加厉害，而且越来越与以安化茶为主体的"湖茶"紧密关联。

私运安化黑茶从元代以来一直屡禁不止，至明代更是长期存在，一些番僧也以进贡之名绕道湖广收买夹带私茶。明英宗天顺二年（1458），明廷下令"凡番僧夹带奸人，并私茶违禁等物，许沿途官司盘检茶货入官，伴送夹带人送官问罪，若番僧所到之处，该衙门不即应付，纵容收买茶货，及私受馈送、增改关文者，听巡按御史察究"。

明孝宗弘治三年（1490），明廷进一步明确"令今后进贡番僧，该赏食茶，给领勘合，行令四川布政司，拨发茶仓分，照数支放。不许于湖广等处收买私茶，违者尽数入官"。

也就是说，最迟到15世纪，明廷已经多次明令禁止番僧到湖广地域私运茶叶入藏，说明当时这种情况已经不是个案，并且长期存在。弘治十七年（1504），都御史杨一清疏请于四川地方严禁私贩（其他地方茶叶），户部议复要求杨一清把严禁私贩他处茶叶的范围扩大到夔州（今奉节）、东乡（今宣汉）、保宁（今阆中）、利州（今广元利州区）一带，也就是说不仅番僧在私贩夹带湖广茶，四川商人也私贩湖广茶，当时四川东北（今重庆市）与湖广接界之处，成为了湖广

茶马互市

私茶入川的重要通道。

　　明代，以安化茶为代表的湖茶由于大规模参与南北商品交易或私贩，其饮用的社会阶层，也相应地以社会中下层尤其是西北游牧民族中下层为主，茶品形成了粗梗大叶、煎煮而饮、物美价廉、利于大众健康的特色及独特功用。

　　明世宗嘉靖年间（1522—1566），湖广行省要求安化县和新化县在私茶出境的要道设置征税关卡，后演变为安化县敷溪关、新化县苏溪关两处巡检司，扼制资水安化段的上下游。经安化县敷溪关出境的安化黑茶，沿资水水路直下洞庭湖，在今益阳市查验引票，将黑毛茶运到今湖北荆州，踩制成"茶筒"等紧压茶，再通过陆路运往四川及西北。而经新化县苏溪关出境的安化黑茶，当时主要是四川商人贩买，则由宝庆府查验引票，由陆路沿湖广入川的"辰酉之道"，经溆浦（溆浦明朝属于辰州府）、辰州，再从今吉首、花垣到达今重庆市酉阳，最终运往四川、陕西等地。

从上可以看出，番僧以进贡为名绕道湖广收买夹带私茶，四川茶商舍近求远私贩湖南茶叶，至少持续了100多年。

明神宗万历二十三年（1595），陕西御史、山西崞县①人李楠连上三道奏折，认为自从湖南茶销往西北之后，对原有的茶销体制冲击很大，建议对私贩湖南茶严加禁止。

当时文武大臣对此争议颇多，朝廷一时没有定论。御史徐侨对湖南茶和明朝茶政进行了透彻研究，对李楠的观点进行了驳斥，他认为："汉川（指陕西汉中与四川）茶少而值高，湖南茶多而值平……湖茶之行原与汉中无妨。汉茶味甘，煎熬易薄；湖茶味苦，酥酪相宜。湖茶之行于番，情亦便……"经过徐侨的据理力争，户部"折衷二议，以汉茶为主，湖茶佐之。各商中引，先给汉川毕，乃给湖南。如汉引不足，则补以湖引"。

从此，自唐末即大规模远销北方的安化茶，逐步完成了从私贩到商茶、官茶的转变，明万历二十三年终于取得了名正言顺的"官茶"地位。

16世纪末，由于安化黑茶量多价廉，在西北边区取代了四川乌茶的领先地位，安化成为中国黑茶最大产区。

---

① 旧县名。在山西省中部偏北。隋由原平县改称。1958年复名原平县，1993年改设原平市。

# 第二节
# 安化贡茶的历史记录

　　贡茶文化是中国古代茶文化的重要组成部分，也是最具代表性的茶文化之一。作为皇家专用的茶叶，从鲜叶原料、加工水平及其外包装等方面来看，贡茶都是历代茶叶最高水平的代表。

　　据《明史·食货志》记载："其上供茶，天下贡额四千（斤）有奇……"《安化县志》记载，自明洪武二十四年（1391）开始，朝廷规定全国各地贡茶4,022斤，其中湖南贡茶140斤，由长沙府安化县贡茶芽22斤、益阳和宁乡各贡20斤。安化贡茶为大桥、仙溪、龙溪、九渡水四保所产，史称"四保贡茶"。安化"四保贡茶"的上贡一直延续到清朝灭亡才终止。

　　《尚书·禹贡》中有"三邦底贡厥名"的记载，后人考证认为是指当时荆州范围内三个邦国向中原王朝进贡茶叶。东晋常璩《华阳国志·巴志》记载，周武王伐纣之后，巴蜀所产之茶已列为贡品。五代十国时期，马楚国马希萼曾以渠江茶进献后晋，这可能是有史以来安化茶入贡的最早记载。

　　《赋役全书》核定安化县每年进贡茶芽22斤，其中茶价银四两四钱，到北京进贡的长夫工价银十两。万历末年，押解贡品进京的官方马帮以路途远、工价低为由，不愿承运。地方豪强猾吏借机启用私家马帮押解贡茶进京，每年向茶农勒索费用上百两白银。经林之兰（安化籍人，曾任江西瑞州通判，后代理知府，晚年辞官回安化定居）等申诉，安化县衙最终确定："（今后押解贡茶进京）议加奏本纸札二钱、黄包袱一钱、京中更换奏本纸张工食银一两、写本催工银四钱、印本用三牲一副银一钱，本府转批合用纸札、歇家店钱、饭米银二两，用里民正从二人解府，转解赴京交纳。自安化至京往回一百余日，每日盘费饭食四分，共银四两。其长夫银两以作京中铺垫、歇家店钱饭米之费，共该官帮银七两八钱（实际增加六两八钱）。"并且规定"每年比照茶税事例，将原编长夫茶价并新加官帮支给茶总经纪，领解赴京，以后并不许混扯里递帮解，亦不许科敛分毫……"也就是说，安化所贡22斤茶芽，在官方规定十四两四钱办理费用的基础上，万历末年增加了押解费用六两八钱，每年由地方茶界的茶总和经纪负责，选派两名人员押解进京。而且贡茶要用皇家专用明黄包袱包

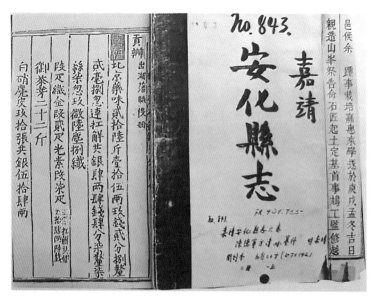

明嘉靖《安化县志》记载：贡茶芽22斤

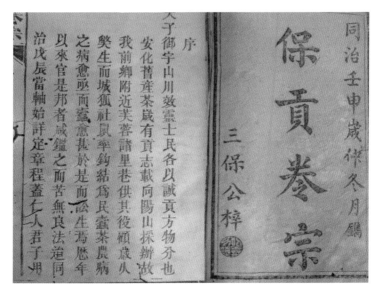

《保贡卷宗》

好，随贡茶应附上进贡的奏本，并经湖广行省长沙府转批后，才能送达北京。

安化年贡茶芽22斤，从明朝至清朝一直延续。清朝办理贡茶的情况，有《保贡卷宗》详细记载。

清代是中国古代贡茶文化发展的顶峰。相较于前代，清代贡茶区域不断扩大，将全国主要的产茶区都纳入贡茶体系。同时，清代贡茶品类大为增加，基本囊括了各产茶区的重要茶品。

清康熙三十三年（1694），湖广行省奏明朝廷，改变贡茶上解程序。清嘉庆《安化县志》卷四记载："往例进京奉斋名色（贡品种类），皆当年里递出办。道里殷遥，虽所费浩繁，犹以迟误为虑。自康熙三十三年奉上司差官汇解，小民既已省虑，而方物亦得以及时入贡，民甚便之。"又载："物产云，至于茶芽为湖南上品，甲于他邑，多产于北路及西北路，之外东南二路则不产焉。"

安化"四保贡茶"自清康熙到道光年间（1662－1850）办理较为稳定，府、县各级衙门注重减轻茶农负担。但到咸丰年间（1851－1861），"四保贡茶"办理体制又陷入混乱，官府随意增加贡茶额度。明嘉靖《安化县志》、清同治《安化县志》均记载，安化贡茶为22斤。而清咸丰元年（1851）安化县令李逢春发布的晓谕碑上，"四保贡茶"额变成33斤；到清同治八年（1869）县令邱育泉出示的晓谕碑文上，贡茶数额又变成了55斤；更有史料称安化贡茶数额达百余斤之多，说明地方各级官吏借端加重贡赋是经常存在的。此外，据同治八年邱育泉晓谕碑文，除仙溪、龙溪、大桥、九渡水四保外，圳上保（现仙溪镇圳上村）也承担了贡茶六斤一两八钱的任务，并将此任务归于仙溪保上缴。除以实物形式上贡茶芽外，四保办贡的产户还要承担每年一两二钱七分八厘银子的贡

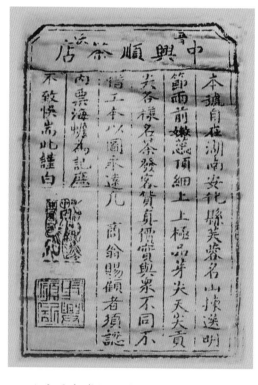

北京晋商博物馆藏"中兴顺茶店"货票

税，名义上是解送贡茶的费用。晓谕碑云："四保贡茶，每岁谷雨节前，由县发价，户首承领，赶紧办纳，毋得搁延，致于追责。"

同治十一年（1872）《保贡卷宗·序》记载："安化旧产茶，岁有贡，志载，向阳山采办，故我前乡附近芙蓉山诸里巷供其役。"

相传道光年间，两江总督陶澍把家乡的安化黑茶献给道光皇帝，道光帝赐名"天尖"，有了"安化天尖""安化贡尖"和"安化生尖"的皇帝茶、朝廷茶、百姓茶之分。北京晋商博物馆有一个"中兴顺茶店"的发客货票上，印有"本号自在湖南安化县芙蓉名山，拣选明节雨前嫩蕊顶细上上极品芽尖天尖贡尖""不惜工本，以图永远"字样。

在北京朝阳区的晋商博物馆展出的《大桥保贡茶册》，记载了光绪十二年（1886）安化仙溪、大桥保向朝廷进贡茶叶的目录及详细信息，并在进贡名单中有仙溪世代制茶的向氏族人的名字。

郑光祖《一斑录杂述》记载："若安徽六安茶，湖北（应为湖

 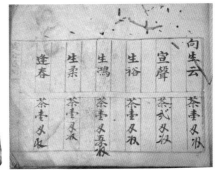

北京晋商博物馆展出的《大桥保贡茶册》

南）安化茶，四川蒙山茶，云南普洱茶，与苏杭不同味，不善体会者，或不知其妙。"安化茶与六安茶、蒙山茶、普洱茶、龙井茶、碧螺春茶等齐名，为当时名茶。

从清代的进贡制度上看，茶叶既有"任土作贡"的土贡贡茶，也包括各类节贡及其他不定期进贡活动中进献的茶叶。故宫专家将清代的贡茶分为土贡和非土贡两类：土贡即贡茶区每年进贡的定额茶叶，非土贡包括节日进贡及一些临时性进贡。

在土贡方面，清代的贡茶制度基本上延续了明代的做法，规定了地方贡茶的数量、运抵京城的时间和到京城的交接、验收等。贡茶的采办由地方官员具体负责，京城内由礼部负责接收［原为户部执掌，顺治七年（1650）清廷决定改由礼部执掌贡茶］。"应贡之茶，均从土产处所起解，一律送礼部供用。这年，礼部还照会各产茶省布政司，规定所贡茶叶于每年谷雨后十日起解，定限日期解送到部，延缓者参处。"

土贡之外，清代还有各种进贡名目，特别是从乾隆十六年（1751）乾隆帝首次南巡即圣母皇太后六旬庆典之后，臣工贡献从每年两三次的万寿节、元旦进贡，发展到端午、中秋、上元等节也要进贡，还有诸如路贡、陛见贡、谢恩贡等。不仅进贡名目繁多，各级官员也各有进贡，如《养吉斋丛录》记载"曩万寿节，大学士、尚书、侍郎、各省督抚，皆有贡。以九为度，一九则九物，至九九而止"。

与土贡茶由礼部验收不同，这类官员个人进贡的贡茶多是直接转交到茶房收贮的。在进单上，可以明确看到很多茶叶上都有"收茶房""交茶房"的标识，说明这些茶叶很多直接进入宫廷的茶房，为宫廷日常生活所用。

　　从故宫档案记载中可以看到，清代贡茶的品类一直保持相对稳定，从康乾盛世到动乱清末，一直没有发生大的变化。这种长时间稳定的茶叶进贡，不仅保证了宫廷日常生活的需要，而且提升了清代茶叶种植、加工技术水平，促进了产茶地经济的发展。

　　除贡茶外，清代宫廷用茶的另一项来源是直接采购。

　　故宫专家研究指出，安化贡茶延续了前代贡茶的传统，到清中期逐渐成为主要的贡茶品类之一。相比较于其他贡茶主要以进贡为主的入宫方式，宫廷大量采买安化茶是其重要的特点。

　　故宫清室善后委员会于1924年至1930年间点查故宫物品之后，出版了资料性图书《故宫物品点查报告》，该书的出版，成为了解院藏文物藏品情况的第一手资料，其中关于贡茶的记录为研究清代贡茶提供了难得的史料。

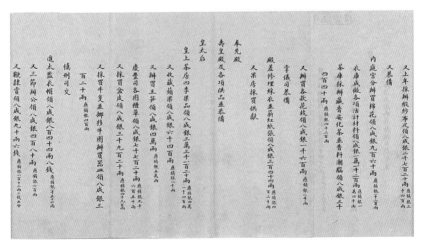

光绪三十二年五月二十四日，茶库采办藏香、安化茶并香料潮脑领八成银三千四百四十两

《故宫物品点查报告》收录了不少关于安化贡茶的历史记载，如：

茶库，三一七（号内1）：芙蓉天尖，六包。

皮库、瓷库，一六五号：安化茶，二十五罐。

其中《内务府呈稿》记载：

●同治五年十二月三十日，"为领取采买同治五年内廷用安化茶需用银钱事"。

查每月恭备内廷供用黄茶一款，现因库内无存，奏明买办安化茶抵用。内廷供用安化茶采买一千七十六斤四两，每斤核净价银五钱八分五厘，共用银六百二十九两六钱六厘。

●光绪六年十二月二十九日，采买安化茶九百六十九斤四两。

●光绪三十二年五月二十四日，茶库采办藏香、安化茶并香料潮脑领八成银三千四百四十两。

《内务府呈稿》中还有不少地方官员的进贡记录：

●乾隆三十八年四月三十日，暂署湖广总督印务、湖北巡抚陈辉祖进：安化芽茶一百瓶（交茶房）。

●乾隆四十一年三月十五日，护湖南巡抚湖南布政

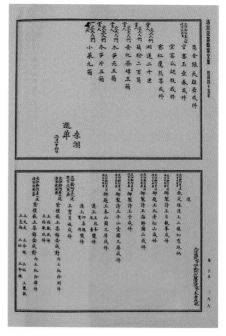

乾隆四十五年二月十四日，湖南巡抚李湖跪进：安化茶砖五箱

使（奴才）觉罗敦福跪进：安化茶五箱（交大人们赏人）。

●乾隆四十五年二月十四日，湖南巡抚李湖跪进：安化茶砖五箱（交大人们赏人）。

●乾隆四十九年三月十七日，湖南巡抚伊星阿进：安化砖茶九匣（交大人们赏人）。

●乾隆五十三年四月二十八日，湖南巡抚浦霖进：安化芽茶一百瓶，界亭芽茶九盒，君山芽茶五盒（茶叶吃食俱交茶膳房）。

●乾隆五十六年四月二十六日，湖广总督（臣）毕沅跪进：安化茶十箱（计一百瓶）（交茶房）。

●乾隆五十七年闰四月二十五日，湖广总督毕沅跪进：安化茶一百瓶（交茶房）。

●乾隆五十九年三月二十七日，湖南巡抚姜晟进：安化砖茶五匣（奉旨交茶膳房）。

●乾隆五十九年四月二十八日，湖广总督（臣）毕沅跪进：安化茶一百瓶（交茶房）。

●乾隆六十年十二月初八日，湖广总督毕沅差贡安化茶五箱。

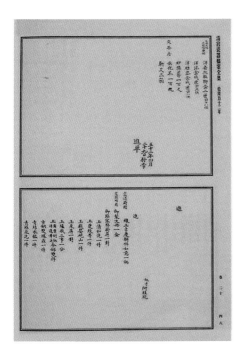

乾隆五十二年四月二十九日，湖广总督舒常进单

…………

●同治五年八月宫廷预备安化茶数量：

御茶房：一百五十一斤四两。

慈安皇太后：一百三十一斤四两。

慈禧皇太后：一百三十一斤四两。

琳皇太妃：七十五斤。

丽皇贵妃：七十五斤。

玟妃、婉妃、祺妃：十七斤八两。

成妃、佳妃、彤妃：三十七斤八两。

顺嫔、蔡贵人、尚贵人、容嫔、吉嫔、禧嫔、庆嫔、李贵人等：十八斤十二两。

…………

共用一千七十六斤四两。

故宫专家指出：除日常饮用外，清代中后期配制奶茶中也主要使用安化茶，且安化茶在清代中后期宫廷份例中所占的比重很大，成为清代宫廷生活中重要的茶品。

《宫女谈往录》记载"宫里的早点还保留东北人的习惯，喝奶子要对（兑）茶，叫奶茶"，"晚上到十点多钟，有一遍点心，宫里叫加餐，多是面茶和小吃。有奶茶、杏仁茶、牛髓炒面茶、八宝面茶等"。

《大清会典》记载，一小桶奶茶所需的原料：牛乳三斤半，黄茶二两，乳油二钱，青盐一两。

《内务府呈稿》记载："因该省解到黄茶为数无多，拟请每月按照一成搭放，余仍照例采买安化茶抵用。"即熬奶茶时每份中用安化茶九、黄茶一搭配使用。

# 第三节
# 林之兰与《山林杂记》

  林之兰，祖籍安化，贡生出身，生于嘉靖四年（1525），卒于崇祯六年（1633），历任顺天府大兴县知县、江西瑞州府通判、淮安总部委饶州查盘，终任瑞州太守。万历年间，林之兰任江西瑞州通判，继而代理知府，颇有政绩，当地人称"林青天"。安化县万里茶道申报世界文化遗产办公室在民间寻到林之兰所编著的《明禁碑录》《山林杂记》两种清代刊刻本，为了解明代安化茶业发展提供了依据和佐证。

  林之兰晚年辞官回安化后，居住在原安化县十三都（今东坪镇林家村），于万历四十五年（1617）六月、天启七年（1627）正月，先后数次与家乡茶农代表一起，向湖广行省、长沙府等机构反映安化茶行、牙商（茶叶交易经纪）、茶总（茶业行业管理负责人）、埠头（船帮帮主）在茶叶产制运销过程中坑害百姓、损公肥己的不法行为，并请求上级立茶法予以严厉打击。林之兰所陈的很多措施，都为当时的安化县衙采纳施行。为防止

《林氏族谱》林之兰画像

所立茶法因人而变，林之兰组织里甲人等，将每一次批示的禀帖勒石为碑，立于县衙前面、交通要道或茶市、茶码头等公共场所处，以警示茶农、茶商和管理者。

清朝初年，安化茶业再次兴盛，林氏宗族为纪念林之兰，同时为安化茶业管理提供借鉴，由家族负责将林之兰收集整理的碑文刻录为《明禁碑录》；同时还将林之兰每次禀帖的起因、过程及上级的批示编撰为《山林杂记》。如今，所有明代禁碑实物皆已湮灭在历史长河之中，但借由林之兰留下的资料，我们仍得以窥见明代安化茶业的大致情形。

《明禁碑录》有关于安化私营茶厂的如下记载："本县地土硗薄，别无所产，惟有茶芽一种，公私倚办。向系茶客买去荆州开厂蒸踹，商民两便。近年被积恶经纪私立高楼（大屋），名为茶厂，……就于伊家蒸踹茶筒，……入川发卖。……拣手拣茶，每厂多则千人，

林之兰《明禁碑录》记载，私立茶厂拣手拣茶，每厂多则千人，少亦不下数百人

林之兰《明禁碑录》记载万历年间贡茶芽22斤送往北京的费用规定

少亦不下数百人。"《山林杂记》还记载，明代天启年间（1621—1627），安化县敷溪关查征茶税银在两三百两，而经新化县苏溪关出境的安化黑茶，年征茶税银在3,000两以上。安化县万里茶道申遗办公室专家分析指出，当时安化茶叶出县境运往西北有两条通道，一是水路经安化敷溪关，二是陆路经新化县苏溪关。由于经水路运往西北需要经敷溪关等三地查征茶税，而经新化县苏溪关出境只需要在苏溪关一地查征茶税，因此安化茶大多经苏溪关出境，因此苏溪关所征茶税大部分为安化茶叶所贡献。

通过两书的记载，我们发现，自明代万历二十三年（1595）朝廷允许湖南茶作为"储边易马"的"官茶"之后，安化黑茶产业得到了迅速发展，产制贩运量十分惊人。私立茶厂踩制"茶筒"，大的茶厂仅拣茶的"拣手"就多达上千人，小的茶厂也有"拣手"数百人，还不包括从事茶筒踩制等工序的其他工人。从安化敷溪关、新化苏溪关所征茶税来看，当时安化黑茶外销规模很大，还不包括当时盛行的

"引茶"走私。如此巨大的产制运销规模，均为以往中国茶史及"万里茶道"研究所未见。

明代安化黑茶如此大规模的产制与运销量，使茶政管理十分困难，普遍存在假茶、假秤和假银三大问题。一是周边县"外路假茶"涌入安化茶叶市场，使正宗安化"道地真茶"壅塞滞销，损害茶农利益、亏短朝廷税费。对此，《山林杂记》记载：由县衙"责令各经纪于产茶之时，每年携客先买里递丁粮多者之茶，尽数买完后（再）买囤贩（其他茶货）。有不遵者，许里递告究"。通过对不先买安化"道地真茶"的经纪、茶行和茶商予以严惩，确保茶叶市场的秩序。二是一些茶行私造"加五重秤"收购黑毛茶，即每两加五钱，致使本为十六两一斤的官方秤，变为二十四两一斤的重秤，以此盘剥茶农。对此，县衙规定"颁发法马、较定广秤，行令各经纪一体遵行。其私造'加五茶秤'尽行弃毁。如有敢违，仍用重秤称茶，许卖茶之人执秤指名告究"。三是茶商、茶行用假银、劣质白银支付茶农茶价。为此，县衙谕令"各乡（都）俱用一色纹银，概不许用钻铅烧粉等项代银。敢有不遵者，许里递保甲指名呈首重治。每月取其银匠结状投递在卷"。

经林之兰等人申诉倡议，安化县衙采用的这些茶政管理措施，对维护当时安化黑茶市场秩序、减轻茶农负担起到了一定的积极作用，成为推动安化黑茶发展的重要因素。林之兰的《明禁碑录》及《山林杂记》两本古籍的发现，填补了明代安化黑茶产制历史空白，是万里茶道线性遗产湖南段乃至全线的重要史料。

# 第四章
# 清代走向兴盛

　　清代，安化茶业逐渐从官茶演变为大宗商品性质的商茶，销量进一步扩大。1685年《湖南通志》记载：长沙府所属12县，共产茶约12,500吨，其中安化占70%。18世纪，国际茶叶市场以红茶为主体，我国处独占地位，安化是湖南最早创制红茶的县份之一。安化红茶在清代咸丰年间较大规模生产并一度占据出境茶叶的大宗。清代安化黑茶在销区有良好信誉，一直经久不衰。清代安化茶业朝着规模更大、品类更全、商品化特性更明显的方向发展。安化茶从官茶演变为商茶的过程中，造就了一支规模庞大的茶商队伍，也逐步成为举世闻名的万里茶道上的重要力量。

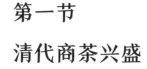

# 第一节
# 清代商茶兴盛

清顺治元年（1644）清军大举挺进西北，开始统一中国之战，各处均急需战马军饷，同时也要抚绥西北各少数民族，清廷即把茶马之政放到了十分重要的位置，着手恢复茶马旧制，急派广西道监察御史廖攀龙任督理陕甘洮宣等处茶马御史，赴西北清理督办茶马之政。

廖攀龙巡行陕甘的第一件事就是核实各地明末官茶数量，其结果当然是账上还有成千上万的数字，而库内却只有少量陈腐沤烂的茶叶。

从顺治二年到十五年（1645—1658），西北茶马之政可以用廖攀龙奏中的八个字概括，那就是"仓匮厩空，番寇蠢动"。茶仓里没有中马的好茶，马厩里缺乏可调拨的战马，而各少数民族则因为没有茶叶而相当不满。因此，招商运茶易马以满足西北各民族的茶叶消费需求，就成为历任巡茶御史的急务。

在这种情况之下，不得不鼓励湖茶北运，以解燃眉之急。

顺治九年（1652），姜图南的奏折中，将这一情形分析得很透彻，照得"茶法中马，故明旧有川茶、汉茶、湖茶。川茶自隆庆三年题改折价。臣、前有蜀省文移一疏，业经复议，行彼国中。抚按酌议，开征汉茶。自万历十四年（1586）题改折价，所有茶园茶课，现在催征册报，每岁招商散引，前往汉南及湖、襄收茶转运，官商对分，以供招中耳。顾汉南州、县产茶有限，且层岩复岭，山程不便，商人大抵浮汉江于襄阳按买"。说明虽然明代易马官茶有川茶、汉茶和湖茶三种来源，但一则因为川茶和汉茶都改为折价交茶课银，并非交茶叶；二则因为川茶和汉茶总量严重不足且道路运输不畅，到明末清初时，西北易马及给赏少数民族的茶叶，基本上都是运往襄阳的湖茶。姜图南奏折中请求催促湖茶加速进入西北，这里的湖茶其实是以水路运出的安化黑茶为主。至道光年间，（引商所运正茶、附茶）向皆"湖南安化所产之湖茶"[《军机处录副奏折》，道光十五年（1835）七月初九日陕甘总督瑚松额奏折]。

甘陕巡茶御史一职，前后存续40余年。此后商茶日益兴起，雍正十三年（1735），官营茶马交易制度终止，边茶贸易取代了600余年的茶马互市，以安化黑茶为代表的湖茶边销、外销进一步崛起。雍正八年（1730），在安化县查验茶叶出境的敷溪关对面（今小淹镇苞芷

晚清时期安化县茶叶加工的情景

园村），人们竖起了一块禁碑，其中刻道："缘安邑僻处山陬，土薄民贫。我后乡一、二、三等都所赖以完国课、活家口者，惟茶叶一项。"这块碑标志着历经明末清初的战乱风云，安化黑茶已经成为事关国计民生的巨大产业，从此开始了安化黑茶历史的最盛时期。

清初商茶兴起之后，茶叶在西北运用的功能和领域也进一步拓展，主要在四个方面。

一是易马制边。明末以茶易马年额达到13,088匹；清初没有定数，但随着大规模统一战争的结束，至顺治十三年（1656）即告以茶中马之数已经充足；雍正九年（1731）"命西宁五司复行中马法……十三年（1735），复停甘肃中马"（《清史稿·食货志五·茶法》）。此后以茶易马时断时行，至乾隆二十五年（1760）平定大小和卓叛乱以后，以茶中马基本停止。

二是折饷赡军。将官茶折饷赡军的行为更为常见。《清史稿·食货志五·茶法》载："自康熙三十二年，因西宁五司所存茶篦年久浥烂，经部议准变卖。后又以兰州无马可中，将甘州旧积之茶，在五镇俸饷内，银七茶三，按成搭放。寻又定西宁等处停止易马，每新茶一篦折银四钱，陈茶折六钱，充饷。"从康熙年间（1662－1722）开始，这种以官茶折价充作军饷的行为每隔一段时间就要实行一次，到乾隆二十四年（1759）参与"搭放充饷"的官茶更是达到40余万封，在折价时，陈年官茶明显要高于新茶，说明当时人们已经认识到黑茶越陈越好的特点。

三是边贸征课。朝廷给引贩茶，引茶官商各半，官茶中马折饷，商茶凭引贸易，这已经是康熙之后边茶贸易的常态。官方如需要茶篦，就在商人领引时规定茶课必须征纳"本色（茶叶）"；官方如果

清代官茶

茶叶富余，就在商人领引时规定茶课征纳"折色（银两）"，这样保证官府对边茶市场的掌控权。同时，引商来回贩运茶叶、瓷器和皮货、药材等南北商品，极大地繁荣了边疆经济，促进了民族团结。特别是清代除明代固有引茶销场外，还开辟了新疆、蒙古等边贸空间；在原有的川商衰落后，甘、陕、晋商随即兴起，造就了近代一批实力强大的商帮，为安化黑茶跨越大漠作出了不朽的贡献。

四是对外销售。雍正五年（1727），中俄双方签订了涵盖勘界、贸易等内容的《恰克图条约》，规定俄商每隔三年可以自由出入北京进行贸易一次，人数不得超过200人，中国不收赋税，同时允许俄商在两国交界处进行零星贸易。这一条约直接成就了中俄恰克图互市以及万里茶道的形成。

清乾隆二十一年（1756），时任湖南巡抚陈宏谋颁布经乾隆皇帝御批的《茶商章程》，这是中国茶叶史上为晋陕二省茶商保驾护航具有特殊性、地域性和唯一性的一个茶商章程，在湖南黑茶史上具有里程碑意义。

乾隆二十年六月，陈宏谋由甘肃巡抚调湖南任巡抚，二十一年六月，陈宏谋起草《茶商章程》上奏乾隆皇帝，其主要内容是弹压客贩牙行，确保陕甘两省茶商优先采办安化黑茶。清同治《安化县志》记载："二十一年丙子，巡抚陈宏谋奏定《茶商章程》。《通志》：陕甘两省茶商领引采办官茶，每年不下数千百万斤，皆于安化县采办，以供官民之用。安化三乡遍种茶树，亦仗茶商赴买，向因等头银色、先卖后卖，多所争执。乾隆二十一年巡抚陈宏谋奏定章程，将茶商所

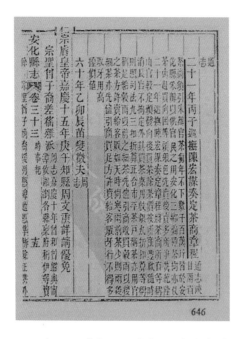

清同治《安化县志》记载陈宏谋
奏定《茶商章程》

有等称由官较定颁发。向后买茶，除茶价按所产丰歉随时消长，官不拘定外，其买茶概用纹银九折扣算，等称则照司法九三折扣算，正合市平，茶户称茶亦用官称足给。谷雨以前之细茶，先尽引商收买，谷雨以后之茶方许卖给客贩。如天时尚寒，雨前茶少，则雨后细茶亦先尽引商买足，方许卖给客贩。牙行不得多取牙用高抬价值。"

《茶商章程》是在乾隆皇帝平定准噶尔内乱的大背景下产生的。陈宏谋为乾隆皇帝倚重的封疆大吏，在平定边疆少数民族叛乱中，以熟谙甘陕二省情况临危受命，为军队供给一切物资。茶叶是当时朝廷最重要的战略物资，既用于茶马互市，又用作军队奖赏。因此乾隆二十年（1755）五月平定准噶尔后，陈宏谋立刻被调往湖南产茶区。《湖南通志·物产》中记载："茶产安化者佳，充贡而外，西北各省多作此茶，而甘肃及西域外藩需之尤切。设立官商，做成茶封，抽取官茶以充市场，赏赐诸蒙古之用，每年商贾云集。"正因为陈宏谋非常了解西北民族"不可一日无茶"的特殊需求和安化黑茶在维护边疆安全的重要作用，为了打击私贩安化黑茶冲击引茶制度的行为，确保晋陕茶商顺利采买引茶，特别制定《茶商章程》。

陈宏谋奏定的《茶商章程》，真实地反映了清初至乾隆年间安化黑茶产业的兴盛与繁荣，以及晋陕二省茶商运销安化黑茶的盛况。

# 第二节
# 万里茶道的重要起点

陈椽《茶业通史》记载：清康熙二十八年（1689），中俄签订了《中俄尼布楚条约》。自此后，中国茶叶就不断地经满蒙商队的高原路线运往沙俄。雍正五年（1727），沙俄女皇派遣使臣来华，申请通商，结果订立《恰克图条约》。恰克图①成为茶叶贸易的主要市场。中国茶叶由天津马运至张家口，后改用骆驼运至恰克图。通常商队有200－300匹骆驼，每匹驮4箱茶叶，每箱约重16普特（1普特≈32.76斤），平均每小时走2.5英里（1英里≈1.609公里），每日行25英里。11,000英里的路途要走16个月，横跨800英里的戈壁沙漠才能到恰克图。最初，所有的茶叶都由沙俄政府的商队运至俄国。商队里常有教会人员混迹其间进行经济侵略。他们千方百计地压低茶叶收购价格，牟取暴利。贪婪的沙皇见有利可图，竟组织私人商队经营。雍正十三年（1735），沙俄伊丽莎白女皇的私人商队来往于中俄之间，但因路途困难，费时太久，输入数量不多。当时莫斯科茶价每磅

---

① 城邑名。汉名买卖城。原是中国境内的中俄通商要埠，中俄签订《恰克图条约》后，两国以恰克图为界，以旧市街归于俄，清朝别建恰克图新市街于旧市街南中国界内。今在俄罗斯境内的仍名恰克图，在蒙古国境内者已改为阿勒坦布拉格。

15卢布，茶叶数量不超过10,000普特。只有宫廷贵族或官吏才有能力购买。1749年，只输入9,000俄磅（约245.4普特）。乾隆十八年（1753），伊丽莎白女皇参加华茶陆路运俄的开幕典礼。华茶输入大增。中俄签订《恰克图条约》后，允许俄商在恰克图收买茶叶，华茶遂大宗输俄。嘉庆二十五年（1820），输入华茶100,000普特。然后陆续转销我国外蒙古①，无限量供应。

《中俄尼布楚条约》签订后的时代背景，催生了举世闻名的万里茶道。万里茶道形成于17世纪，持续存在长达两个世纪，是欧亚大陆的重要国际经济通道，也是中欧文明相互传输的国际文化路线，在世界近代史上具有普遍的文化价值。万里茶道由晋商开辟。富有的中国晋商，利用沿途各地的票号、钱庄等，几乎控制了中国主要产茶区的茶叶收购、加工、储存、运输、销售。

万里茶道分东西两条路线。晋商从清廷理藩院领取"信票"（龙票），前往南方贩运茶叶等货物。西路经雁门关出内长城后，走山阴县到应县，经左云县、右玉县，然后从明长城重要关隘杀虎口（西

---

① 地区名。指蒙古高原北部，以别于高原南部的内蒙古。原为中国领土的一部分，清代归驻扎在乌里雅苏台的定边左副将军统辖。1911年沙俄策动外蒙古"独立"。1915年，中、俄、蒙三方在恰克图缔结《关于外蒙古自治之三国协定》规定，外蒙古是中国领土的一部分，外蒙古承认中国宗主权，中、俄承认外蒙古自治。1919年外蒙古放弃"自治"。1921年初外蒙古再次宣布"独立"。1924年5月《中苏解决悬案大纲协定》中，仍规定外蒙古为中国领土的一部分。1924年11月，外蒙古废除君主立宪制，成立人民共和国。1946年1月，中华民国政府承认外蒙古独立。

口）出关，再经和林格尔、归化城（呼和浩特市）到达恰克图。东路从雁门关出关后到大同，然后顺桑干河流域经河北阳原、宣化到塞上重镇张家口（东口），再走张北、三台坝、大清沟至呼和浩特市、恰克图。在康熙以后，晋商还开辟了经由漠北乌里雅苏台、科布多①和唐努乌梁海②等地区直达新疆古城子、哈密等地的贸易路线。

---

① 清政区名。乾隆二十六年（1761）设参赞大臣一员，驻科布多城，统辖阿尔泰山南、北两麓厄鲁特蒙古诸部和阿尔泰、阿尔泰诺尔两乌梁海部，归驻扎乌里雅苏台的定边左副将军节制，1864年（同治三年）沙俄强迫清政府签订《中俄勘分西北界约记》，割占阿尔泰诺尔乌梁海，其地相当今俄罗斯戈尔诺-阿尔泰斯克及阿尔泰共和国。1881年（光绪七年）沙俄又迫使清政府签订《中俄伊犁条约》和以后的《中俄科塔界约》，割去阿尔泰乌梁海西部地区，即今新疆哈巴河县国界以外斋桑湖以东一带，1905年清廷将剩余部分从科布多划出另设阿尔泰办事大臣。1919年划属新疆，相当今阿勒泰地区乌伦古河以北地区。1912年科布多厄鲁特诸部为在沙俄策动下宣布"独立"的喀尔喀封建主所占领，今为蒙古国科布多、巴彦乌勒盖二省、乌布苏省的大部分和俄罗斯唐努山以南的一部分。

② 清代乌梁海三部之一。以境内有唐努山，故名。分为五旗四十六佐领。旗各设总管一员，由驻扎乌里雅苏台的定边左副将军选拟奏补。1864年（同治三年）中俄签订《塔城界约》（即《中俄勘分西北界约记》），被沙俄割去西北部十佐领，相当今俄罗斯哈卡斯共和国和克麦罗沃州的南部地区。1911年（宣统三年）后中部二十七佐领为沙俄所强占，东部九佐领为当时宣布"独立"的喀尔喀封建主所占领。十月革命后中东部三十六佐领一度由中国政府收复，并派遣专员驻扎其地。但不久又被迫撤退。东部九佐领之地今属蒙古国库苏古尔省。中部俄占二十七佐领之地于1924年宣布成立"乌梁海共和国"，1926年改称"唐努图瓦人民共和国"。1944年被并入苏联版图，称"图瓦自治共和国"，1948年又宣布改为"图瓦自治州"，1961年改名为图瓦苏维埃社会主义自治共和国。今为俄罗斯图瓦共和国。

现存于东坪镇唐家观的"茶务章程"碑，清道光十七年（1837）立

以晋商为主体，以西北茶市和中俄边境恰克图茶市为主要目的地，并连接欧洲腹地的"万里茶道"，南达湖南省益阳市安化县、福建省武夷山地区，经由汉口、襄阳、赊旗等地，到达太原及周边祁县、太谷、平遥等地茶货集散中心，再出东口或西口，到达新疆境内各城及恰克图。

说到万里茶道在湖南安化起始的年代，有专家学者及主流媒体认为，先是福建、江西的茶叶由晋商北运至中俄边境口岸恰克图交易，再由俄商远销圣彼得堡及欧洲各国，后受太平天国起义影响，闽赣茶受阻，两湖茶兴起，安化等地的茶叶才源源不断北运恰克图。其意是万里茶道湖南安化段起始于清咸丰年间。

历史事实证明，自始至终，安化都是万里茶道的重要起点。安化黑茶自明万历二十三年（1595）正式成为官茶，清雍正八年（1730）安化代知事许搏翮详定茶税章程，小淹一带茶农、茶商为此刻成"苞芷园茶叶禁碑"（见清同治《安化县志》），禁掺杂使假，禁外路茶冒充安化茶等，到清乾隆二十一年（1756）湖南巡抚陈宏谋制定《茶商章程》，在长期的茶叶贸易过程中，晋陕等地茶商以安化为优质茶山基地，以黑毛茶、天尖茶等为主要产品，依靠茶庄、茶行（含牙

买卖城里中国茶商的商号

行）、茶农等生产组织，形成了产、供、销一条龙的经营模式，开辟了一条以安化为起点，通往西北少数民族地区、俄罗斯及欧洲腹地的"万里茶道"。安化黑茶由此走向世界，闻名于世，古邑安化也由此成为了万里茶道重要起点，其历史地位与作用无可替代。

明代中期开始，甘陕人挟地利的优势，成为历史上最先涉足安化黑茶采办运输的地域性、专业化茶商，并且最迟在明代末期形成了产地采购与西北精制的"二阶段运销模式"，即将安化黑毛茶在产地踩制成"引包"，长途运输到甘陕之后，一部分较粗的安化黑毛茶被进一步压制成茶砖，而另一部分较细的黑毛茶则以篓装形式直接出售。

清代以来，安化黑茶进一步成为大规模运销的商茶，运销的主体

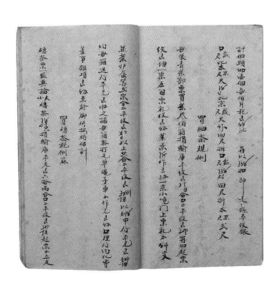

太原晋商博物院藏《法书》抄本记载了晋商采买法则、估价经验、办事细则及银钱往来税率计算规则，是了解晋商商业运营的直接力证

逐步转变为具有更大资本规模的晋商。

　　陈列于祁县晋商文化博物馆的《行商遗要》，准确地记录了这段历史。

　　《行商遗要》手抄本由山西祁县渠家大院长裕川茶庄伙友王载赓据旧本抄录，全书分7篇，2万多字，从长裕川老号三和斋（原书作"三和齐"）清嘉庆年间（1796—1820）入安化办茶开始，至民国初，详细记录了安化传统茶区概况、茶叶收购、加工（含黑茶、红茶）、水陆运输路线、脚钱、厘金、伙食等项目及应注意事项。共记载山西祁县到安化边江的路线全长4,010里，从河南赊旗镇到湖南益阳县，总计水路2,655里，经由何处、何处用餐或住宿，以及两地之间的里程，都写得十分详细，如益阳至边江计水路255里。这是叙述从洞庭湖水路进入清代益阳县境之后再到达安化县江南镇资水北岸边江茶市的路程，其中新家河、羞女山、桐子山、马迹塘、敷溪、小淹、边江等地名至今仍然沿用。

　　根据安化县档案局汇总的《安化茶业馆藏档案汇编》、民国二十九年（1940）彭先泽撰写的《安化黑茶》及1912—1949年其他史料（包括茶行账册、姓氏谱牒、老字号招牌、印章、碑刻等），统计出至民国年间安化尚有茶商号417家，其中有据可查的晋帮商号97家。这近百家晋帮商号，虽然仅仅是清代晋商蜂拥而至安化办茶的绪余，但却因为《行商遗要》等茶商经营文献的发现，使我们得以窥视晋商经营安化黑茶、开辟万里茶道这一伟大的商业创举。

　　"万里茶道"流通的茶叶产品中，有一种产品十分独特，那就是安化黑茶一个极具象征性的经典品类——被公认为"世界茶王"的"安化千两茶"（花卷茶）。

北京故宫博物院收藏的清代嘉庆皇帝遗物——树形安化花卷茶

　　1983年，北京故宫博物院工作人员在清理清嘉庆皇帝生活用品时发现两截树形紧压茶，推测可能是普洱茶，便标注"茶字25号树形普洱共两块每块重十斤"。后经鉴定实为安化千两茶（花卷茶），这是目前发现的最早的安化千两茶实物。

　　该文物作为清代贡茶"安化千两茶"（文物号"故173420"）收藏于北京故宫博物院。2021年10月21日，第五届湖南·安化黑茶文化节迎接故宫珍藏文物——嘉庆皇帝御用贡茶"安化千两茶"荣耀回乡展出。中国工程院院士刘仲华、中国茶叶流通协会会长王庆参加迎接活动。新华社、中国日报等进行报道。2022年9月1日，该文物在安化的中国黑茶博物馆公开展出10个月后，启程返回北京故宫博物院。北京故宫博物院有关专家参加仪式，指出这是一次让文物活起来的活动，可以佐证安化黑茶的历史。

工人们踩制安化千两茶

据记载，花卷茶有祁州卷和绛州卷。祁州卷由山西祁县、榆次的茶商经营，重量每支为老秤1,000两；绛州卷由山西绛州的茶商经营，重量每支为老秤1,080两。后统一标准重量每支为老秤1,000两（合现在的36.25公斤），称为"千两茶"。

1990年《安化县茶叶志》记载，清朝同治年间，晋商"三和公"茶号和安化江南坪边江刘姓人氏，以"百两茶"为模本创制千两茶。此后一段时期，行业内一直有"道光百两，同治千两"的说法，即道光年间创制了"百两茶"，同治年间在"百两茶"的基础上创制了"千两茶"。而故宫安化千两茶文物的发现，说明至迟在清嘉庆年间，已有成熟的安化千两茶工艺。

而据陈椽《茶业通史》记载，道光年间中俄恰克图市场已有大宗湖南（安化）千两茶交易。道光十二年（1832），恰克图市场输入安化千两茶6,461,000俄磅（折合2,645吨）（第二版《茶业通史》误"俄磅"为"棒"，有误）。按每支千两茶净重36.25千克计算，折合近73,000支；按毛重约每支39千克计算，折合67,800多支。这种规模已经十分惊人了。

万里茶道的开辟首先带来的是茶叶产销量的扩张。众多史料证明，安化茶业正是随着万里茶道的开辟而走向鼎盛时期，乾隆、嘉庆以后安化黑茶大量销往西北少数民族地区，还远销俄罗斯等地。与此同时，大规模、长周期安化黑茶的经营需要巨额商业资本支撑，故而促进了晋商票号的发展，并且使票号和茶号日益联结成统一的利益体，反过来促进茶业的发展。据《甘肃通志稿》（杨思、张维等纂，1937年，甘肃省图书馆藏本）第130卷记载，到晚清时期，边茶销售总量的比例大致为：安化黑茶40%，四川乌茶20%，广西六保茶15%，云南普洱茶15%，湖北老青茶10%。

万里茶道的开辟使安化黑茶的经营进入一个崭新的阶段，茶商开始重视品牌效应，以品牌为核心构建与茶山、产地茶行之间稳定的供应关系，坚持优质优价，强调"勿惜价，贪便宜，岂有好货"（《行商遗要·德行篇》）。同时，不断优化合理的经营模式，建立规范的财务和激励机制，探索并稳定长期的运输通道，逐步扩大边销和外销渠道，形成了"茶山—茶行—茶道—茶市"一条龙经营体系，并以《行商遗要》等"员工手册"式的文本世代相传。

# 第三节
# 左宗棠茶务改革

左宗棠（1812—1885），字季高，湖南湘阴人。官至东阁大学士、军机大臣，封二等恪靖侯，谥号"文襄"。左宗棠与陶澍是亲家关系，在安化小淹陶家湾度过了长达8年的时光。通过读陶澍藏书，左宗棠知识大增，为一生事业奠定了坚实的基础。左宗棠在安化期间，安化小淹、江南一带设置的黑茶茶行众多，他见证了"茶市斯为最，人烟两岸稠"的繁华景象。

清道光三十年（1851），太平天国运动爆发，义军一路北上，于翌年12月攻克益阳县，改名得胜县，旋劫民船数千，挥师岳州（今岳阳），攻陷武汉，直下南京建都称王。此后60余年内，神州动荡、列强环伺，安化黑茶产业在动荡中发展，经历了不同凡响的嬗变。其一，因茶道不畅、边

左宗棠像

茶停滞，直到左宗棠平定陕甘才恢复；其二，以"安红"为代表的湖南红茶兴起，安化茶业结束了300余年黑茶一枝独秀的局面，转向黑红兼营。清同治《安化县志》卷三十三记载："越咸丰间，发逆猖狂，阛客裹足，茶中滞者数年。湖北通山夙产茶，商转集此。比逆由长沙顺流而窜，数年，出没江汉间，卒之通山茶亦梗。缘此估帆取道湘潭抵安化境，倡制红茶，收买畅行西洋等处，称曰广庄，盖东粤商也。方红茶之初兴也，打包封箱，客有冒称武彝以求售者；孰知清香厚味，安化固十倍武彝，以致西洋等处无安化字号不买。同治初，逆魁授首，水面肃清，西北商亦踵至。自是怀金问价，海内名茶以安化为上品。"据《湖南安化茶业调查》，在太平天国运动之后，安化所产的茶有60%仍然是黑茶，主要由晋商等自恰克图销往俄国；其他40%为红、绿茶，主要由广东商帮、江右商帮贩往广州、上海和福建出口欧美。

回顾这60余年的安化茶业历史，具有标志性的事件就是左宗棠西北茶务改革。

清廷特授左宗棠为陕甘总督，督办陕甘军务，并给钦差大臣关防，集军政大权于一身。左宗棠率军平定西捻军与陕甘回民起义之后，坐镇兰州，开始经营西北，自同治六年（1867）至光绪七年（1881），连续担任了14年的陕甘总督。

左宗棠首先在兰州主持建立了兰州制造局和甘肃制呢总局，当时闭塞落后的边城，率先在全国拥有了机器制造业和毛纺业。他在兰州建立了当时全国最大的贡院，对吏治、军制、税收进行了大刀阔斧的改革。兰州自古以来就是丝绸之路上的重镇，是沟通中西贸易的西北"大码头"。茶叶是我国最大宗的出口商品，兰州理所当然成为西北地区最重要的茶叶集散地，茶税是当时官府主要的税种之一。左宗棠着手梳理头绪繁杂的甘肃税制，重点改革茶叶税制。

《中国茶叶》1988年第3期周靖民《清代华茶的出口贸易》记载："西北广大地区销售的茯砖茶，都集中于兰州后分销。兰州原有东、西二柜的商业组织，东柜由晋、陕商人经营，西柜由回民充任。清同治十二年（1873年），陕甘回民起义被平息后，陕甘总督左宗棠为了充实税课，奏请在兰州添设南柜，准许南方各省茶商经销，遴选长沙朱昌琳为南柜总商。朱昌琳在长沙设有朱乾升茶庄，又在新疆乌鲁木齐设立分庄，派员到安化采购黑引茶运至陕西泾阳加工为茯砖茶，然后分销陕、甘、青、新、宁各地，并由新疆的阿克苏、喀什输入俄境，经营达50年。"

之前，西北地区茶叶不能自由贸易，实行准入制，官府颁发"茶引"，从北宋末年开始的引茶制一直延续至清代，据赵尔巽《清史稿》记载，清初茶法沿袭明代，官茶由茶商自陕西领引纳税，带引赴湖南安化采买。

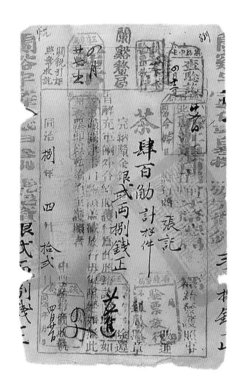

清同治"茶引"

明清时期，兰州形成了以陕、甘、晋籍商人为主的东柜和回族商人为主的西柜，东西两柜掌控了兰州的茶叶市场。到了咸丰、同治年间，因为太平天国运动和陕甘回民起义，茶路阻断，兰州茶叶市场陷于萧条，加之沿途厘卡林立，茶商不堪重负，积欠税银。据不完全统计，截至清同治十一年（1872），商人积欠的课税银超过40万两。另外，"茶引"滥发，茶引制相当混乱，缺乏严格的管理，造成了大量偷税漏税的情况。

左宗棠从陶澍的票盐制改革得到启发，效仿陶澍在官盐经营上发放盐票的办法，改革茶法，在茶叶经营管理中实行茶票制度，以"票"代"引"。

他向清廷上呈了开头述及的两篇奏疏，1873年，朝廷批准了左宗棠"改引为票，增设南柜"的奏请。得到清廷的认可后，左宗棠便对当时的茶制进行了大刀阔斧的改革：

一是豁免历年积欠课银，停止应征杂捐。这一措施消除了所有茶商的顾虑，充分调动了茶商的积极性，使得当时许多陕甘商人纷纷改营茶叶。

二是另组新柜，恢复茶销规模。在原有东西两柜的基础上组织了新的茶叶组织——南柜。南柜的茶商主要是湖南老乡，主要经营湖南黑茶，南柜在西北军政权强有力的扶持下，经营业务和规模迅速发展。

三是改"引"为"票"，严格税制。整顿茶务之前，西北地区的茶商一般靠"茶引"购买茶叶，当时规定1引80斤，茶商不受数量限制，使得茶引制相当混乱，左宗棠改"引"为"票"，以票代引，杜绝了偷漏税的现象。

四是鼓励茶商运销湖南黑茶，与外商竞争。针对外商在沿海各口

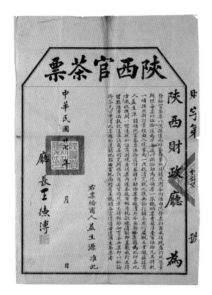

民国时期的陕西官茶票

岸廉价购销茶叶的现象，左宗棠经过与湖南管理当局协商，对于持有陕甘茶票的茶商运茶过境时，只征收税金两成，其余八成由陕甘都督府补贴，在湖南应解甘肃的协饷内划抵。这一措施的实施，取得了一举两得的效果，既激发了茶商经营湖南黑茶的积极性，又解决了湖南历年拖欠甘肃协饷的难题。

新茶法实施以后，西北茶叶经销迅速恢复了昔日的繁荣，仅兰州地区经营茶叶贸易的商号就有40余家，所发茶票逐年增加，每年经销的茶叶多达数百万斤。1873年试发放835张茶票，被茶商一抢而空。光绪元年（1875）第一案发行茶票1,462票，合计4,386吨。新茶法大大刺激了黑茶产地的茶叶生产，安化大片荒芜的茶园很快恢复了生机，茶坊呈现热火朝天的生产景象，通往西北的茶路也很快变得繁忙起来。左宗棠的茶制改革，改变了官府仅仅盯住税收，不扶持经销的做法，将茶叶购销纳入了初步的市场运行机制，为以后茶叶的自由贸易奠定了基础。左宗棠制定的茶法，一直沿用了60多年，直到1942年，国民政府颁布《茶额统税征收暂行章程》，茶叶被列入征收统税的商品之后，茶票制度才告结束。

左宗棠改革西北茶务，挽回了晚清咸（丰）同（治）年间西北茶销停滞的被动局面，奠定了西北边销茶的基础。

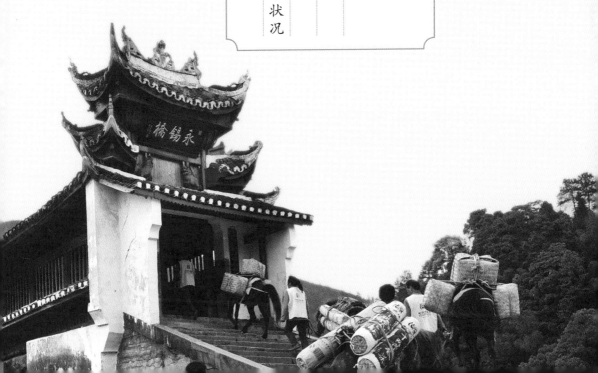

# 中篇

## 安化黑茶的曲折前行

民国初期，以安化为核心的湖南茶界奋发有为，取得了难能可贵的成绩。安化红茶获巴拿马万国博览会金奖，安化成为全国四个茶叶科研与教育中心之一。

　　抗战时期，以彭先泽为主帅，安化黑茶行业顽强拼搏，实业救国，以惊人的毅力开辟四条抗战茶道，成功研发黑砖茶，大规模运销苏联为抗战换取外汇。此举不仅为国立功，也为后续发展打下基础。

　　解放以后，安化茶业快速建立党领导下的全新生产体系，计划经济时代安化茶业始终走在全国前列。改革开放初期，中国经济摸索前行，市场环境不利，而安化交通、信息十分闭塞，市场经营能力薄弱，安化茶业面临生存危机。

# 第五章

# 民国时期安化茶业奋发图强

清朝时期，安化茶曾经辉煌一时。红茶繁荣鼎盛，英国伦敦、俄国莫斯科茶叶市场有"非安化字号不买"的故事。安化黑茶行销于甘肃、宁夏、青海、西藏、新疆、蒙古、绥远①、陕西等地，占领了西北的大半壁江山，并与苏俄交易活跃。民国初期，中国社会动荡不安，社会变革十分激烈。在这种极为不利的社会环境下，安化茶界奋发有为，取得了难能可贵的成绩。

1915年（民国四年），在美国旧金山举办的首届巴拿马太平洋万国博览会上，安化红茶获得金奖，成为安化红茶的永久荣耀和里程

---

① 旧省名。在中国北部。1914年置绥远特别区，1928年改设省，辖今内蒙古自治区乌兰察布、鄂尔多斯、巴彦淖尔、呼和浩特、包头等市。省会归绥市（今呼和浩特市）。1954年撤销，并入内蒙古自治区。

碑。1915年（民国四年）11月，湖南省立茶业讲习所（湖南省茶叶研究所和安化茶叶试验场的前身）在长沙小吴门外大操场旁创立。1917年，讲习所迁长沙岳麓山道乡祠。1920年，迁安化小淹镇。1924年，所长李厚徵呈请实业司批准改为湖南省立茶业学校。1928年湖南省立茶业学校奉令停办，改为湖南省茶事试验场。1932年，设立湖南省茶事试验场高桥分场，场地在今长沙县高桥镇。这一机构是国内最早从事茶叶改良的四个科研单位之一，直接影响到安化茶场与安化茶叶加工的长足发展。延续清代的茶市繁华景象，安化仍然是晋商采办茶叶的重点产区，当时的安化茶行规模庞大，黑茶产销长盛不衰，直到抗战爆发。民国初期安化茶的历史贡献是巨大的。

# 第一节
## 巴拿马万国博览会安化茶获金奖

　　1912年（民国元年）2月，美国政府宣布，为了庆祝巴拿马运河的开通和大地震后旧金山城的重建，将于1915年（民国四年）举办首届巴拿马太平洋万国博览会，也称"1915年巴拿马—太平洋国际博览会"（the 1915 Panama Pacific International Exposition），简称"巴拿马万国博览会"。

　　巴拿马万国博览会是一次空前的世界性盛会，举办期长达9个半月，参观人数约1,800万人，开创了世界历史上博览会历时最长、参加人数最多的先河。

　　国民政府对这次博览会十分重视，政府农商部全权办理参赛事

百年前的巴拿马万国博览会

宜，专门成立巴拿马赛会事务局，颁发《办理各处赴美赛会人员奖励章程》。规定凡各处人员征集出品赴美能得到大奖章 3 种以上的，由国民政府大总统分别核给各等勋章。

作为茶叶出口大省，湖南积极响应，成立湖南省筹备巴拿马赛会出口协会，制定章程，重点征集茶叶产品。为了安化茶产品能够入围，当时的安化茶界也进行了精心准备，根据国际市场的变化，把安化红茶、绿茶作为重点方向，而且按照农商部的要求，决定放弃传统手工炒制方法，特地指定安化红茶厂昆记梁徽辑引进先进的机械制茶设备，在 1914 年开春采摘，精制安化红茶参赛。

1914 年秋，安化所有参赛茶样品送缴湖南省筹办会，并于当年冬天运抵美国旧金山。

1915 年 2 月 20 日，巴拿马万国博览会正式开幕，传统大气的中国馆一度引起轰动。首日参观人数达 8 万之多，时任美国总统伍德罗·威尔逊、副总统托马斯·马歇尔等国家政要亲临中国馆助兴。是年 5—8 月，主办方美国从各参赛国中聘请了 500 名审查员组成大赛评委

巴拿马万国博览会金质奖章

会对所有参赛产品进行审查评比，其中中国获得16个席位。中国赴美展品10万余种，共获奖章1,218枚，为参展各国之首。其中中国茶叶共获奖44个，包括最高奖章7枚、金牌奖章21枚、银牌奖章4枚、铜牌奖章1枚以及口头表彰产品5个（除大奖章授予中华民国农商部外，其余奖项均由民间获得）。此次博览会，湖南居中国内陆省份之冠，茶叶共获得最高奖章1枚、金牌奖章3枚。湖南安化县昆记梁徵辑红茶获得金牌奖章，与贵州成义、荣和两家烧房自家生产的茅台酒同时获得同一级别的奖项。

安化红茶在当时的国际市场早已声名鹊起。据史料记载，湖南红茶是清咸丰三年（1853）首先在安化改制，英国伦敦和俄国莫斯科80%的红茶来自安化，英国、俄罗斯的茶市上有"非安化字号不买"的故事。19世纪的红茶天下，可以说就是安化的天下，安化红茶此次荣获金奖可以说是实至名归。

此次参展的中国茶叶产品种类丰富、品质优良、工艺精湛、价格实在，使得中国茶得到了一次很好的宣传。中国茶叶出口也赢得了一定的份额，当年中国对美国出口茶叶就达到1,800多万美元，为中国茶重新走向世界打开了一个突破口。

# 第二节
# 民国时期的安化茶场

1915年（民国四年）创办的湖南省立茶业讲习所，即安化茶场（今安化县茶叶试验场）的前身。

为适应当时的教学需要，1920年（民国九年）迁至安化小淹，后更名为湖南省立茶业学校，是国内最早从事茶叶改良的四个科研单位（即安徽祁门、福建福安、江西修水及湖南安化）之一。1927年（民国十六年），再迁资水上游黄沙坪，继续培养茶叶专业技术人才。因经费困难，于1928年7月奉令停办，改为湖南省茶事试验场，委任冯绍裘为场长。

当时，除接收讲习所全部财产外，没有一寸土地可资利用，冯绍裘只得在黄沙坪白泡湾租借山地300余亩，着手开荒种茶，备作试验场地。冯是衡阳人，农学知识丰富，历任茶叶技师、总技师和副教授。他的茶叶审评绝技，几乎达到惊人的地步，为茶叶界人士所叹服，故有"红鼻子"之雅号。

1929年（民国十八年），鄞

冯绍裘

勤先继任场长，按前定规划继续进行，累计植茶10万余丛，育苗30多万株，使茶园建设粗具雏形。1931年（民国二十年）12月，为了进一步扩大业务和示范影响，于长沙高桥购地200多亩，设置分场（即今之省茶科所），由技师杨开智主持分场工作。

1932年3月，罗远接任场长，因安化总场的茶园基地原系租用，基础既不稳固，经营管理亦感不便，乃备价全部收买，计费2,500余银元。

为了普及新法制茶，提高红茶品质，增加茶农收入，茶场积极推广了冯绍裘设计的木质揉茶机（群众称之为"绍裘式揉茶机"）和A型烘干机。共仿制20多部，首先在群力茶厂试用，效果良好。一则所产茶叶质量超过旧法制茶甚远，销售均价为湘茶之最；二则工作效率比人工操作提高6—7倍，且结构简单，造价低廉，茶农容易备置，修理、搬运方便，甚合农村需要。同时节约烘茶时间和烘茶燃料，不仅能解决雨天制茶问题，尤为安化发展机械制茶开创了先河。旋将样机分发平江、浏阳、醴陵、临湘、新化等县，以扩大推广效果。

1936年（民国二十五年）7月，安化茶场改为湖南省第三农事试验场，建设厅委派技正①刘宝书兼任场长。刘是邵阳人，早年留学日本，为园艺学家，曾任湖南省茶叶管理处处长。12月，由刘呈请省建设厅及中央实业部同意，按过去支援祁门、修水茶场之例，补助扩充经费，中央与省府各拨1万元，用于建设工厂、购置制茶设备及推

---

① 旧时对一定等级的技术人员的称呼。北洋政府掌技术事务的官职。由具有专门技术知识和技能者任职。在部（会）级机构中职位次于技监；在厅、局级机构中则为最高官职，位于技士、技佐之上。

广。翌年7月，在编造年度预算时，又增加事业费7,000元，因经费较前充裕，乃得赖以重新拟订计划，扩大建场规模，并选定黄沙坪北岸酉州，购平坦地基17亩，兴建办公室、初制厂和精制厂各一栋，以及添置制茶机械，增加仪器设备，培训技术员等。与此同时，还制订了全省茶叶改良计划，逐步付诸实施。联络闽、浙、皖、赣四省，组成中国茶叶公司，并与之商订具体合作办法。中国茶叶公司在湖南设置红茶精制厂，在安化仙溪、小淹、江南、鸦雀坪、酉州、桥口、东坪、马路、探溪、润溪、蓝田等处设立鲜叶初制厂，扩大出口货源，增强对外贸易。

1938年（民国二十七年），湖南省农业改进所成立，第三农事试验场与该所合并更名为安化茶场，隶属省农改所领导，规定试验研究与精制红茶为主要工作任务（见1942年8月15日《湘农讯》）。在这段时间内，除继续改进茶叶产制技术外，主要侧重于制茶机械的研究与创制。黄本鸿（安化茶场场长，金陵大学①工科及农科毕业，具有双重学历）在研究茶叶加工的同时，对革新制茶机械，兴趣更浓。据1941年《安化茶场经济制茶计划暨概算书》载："本场近三年来，研究所得之改良制茶方法，拟再创造一种木质揉茶机和精制方面的捞筛机，与本场发明之抖筛机相配合，使制茶方法渐进机械化。" 1939年（民国二十八年）起，先后研制成功的有茶叶筛分机、拼堆机、捞筛机、轧茶机、抖筛机、脚踏撞筛机（黄本鸿设计，现称"平抖机"），

---

① 美国基督教新教教会在中国办的大学。校址在南京。1952年院系调整后分别并入南京大学等校。

民国时期的木质揉茶机

各地争相仿造，推广极为迅速。

民国初期，安化红茶在俄国极受欢迎，汉口的出口销量很大，1915年（民国四年）高达 10,684 吨。十月革命后中苏关系时断时续，茶叶外销则时减时增。

黑茶在销区有良好信誉，一直经久不衰。但在红茶兴盛时，黑茶相对减少， 1915年产花卷1.2万卷（每卷约37.25公斤，合447吨），1932－1937年（民国二十一年至二十六年）有所回升，年平均产黑茶7.3万担（3,650吨）。但长期以来，县内黑茶除一部分在产地制成花卷及散茶外，大都只能作为原料，运到陕西泾阳压制成砖，以兰州为集散地，销往陕、青、宁、新等地。

# 第三节
# 民国时期的安化茶行

安化县档案局整理的《安化茶业馆藏档案汇编》资料分上、中、下三卷，主要记录了1931年（民国二十年）至1946年（民国三十五年）这段时期安化的茶事，其中较详细地记录了民国时期的茶行。

民国时期全县茶行、茶号共计417家，其中晋商茶号97家（统计的茶行、茶号，其时间范围仅指民国时期），晋商茶号的具体分布：东坪、酉州11家；黄沙坪、桥口18家；江南、边江42家；鸦雀坪14家；小淹2家；其他资料记载安化10家。

最先来安化收购黑茶的是山西茶商，首选桥口设庄，当时安化黑茶以高马二溪及六洞茶最好（即田庄乡的高家溪、马家溪及思贤溪之火烧洞，竹林溪之条鱼洞，大酉溪之漂水洞、檀香洞，黄沙溪之深水洞，竹坪溪之仙缸洞）。上述各地均在以桥口为轴心呈扇形辐射状的数十里范围内；其次是资水北岸的香炉山、黄茅冲、白岩山、黄标界、任家坪、云皮溪、湖南坡等处，质量很有名，产量比较集中，都距桥口较近。同时，桥口地处资水边，茶叶输出极为方便，说明晋商已具商业营销的战略眼光。步晋商之后，是陕、甘等省茶商，再后是鄂及省内商贩。各地茶商多集中于资水两岸如苞芷园、小淹、边江、江南、鸦雀坪、唐家观、酉州、黄沙坪、桥口、东坪等地。

黄沙坪与桥口仅溪水之隔，因茶业发展才逐渐由一个只长乌刺蓬的黄沙坡地发展成为小镇，定名黄沙坪。清道光至民国时称"茶

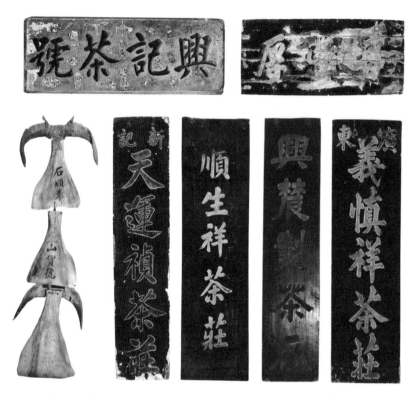

茶行、茶号、茶庄牌匾

市"，每当茶叶上市，茶商云集，制茶、拣茶及为茶业服务的人激增，各行各业随之兴隆，人称"小南京"。1933年（民国二十二年）《湖南地理志》在安化之茶业中载：重要茶市在后乡有东坪、桥口、黄沙坪、酉州、江南、小淹6处，制茶场总计77处。

茶商经营黑茶时，一般租用民房、公房，厂房设备简单，员工较少。经营红茶时，由于数量多，加工的花色多，工序多，则需相应的厂房、成套的设备以及大量技术工人和辅助人员，此时专用茶行行主应运而生。

行主与茶商的关系，一般是行主盛情邀请茶商来行经营。请茶商进山，是一件极为庆幸的事，行主会安排十分周到，对茶商礼遇谦恭有加。

茶商由晋、陕、粤、皖、赣及本省的商家组成，晋、陕、甘商称"西帮"；粤、皖、赣商称"南帮"；本省商人称为"本帮"。自安化红茶交汉口口岸后，"南帮"商人渐少，茶行以"西帮"为主，"本帮"次之。"西帮"商人资本比较雄厚，"本帮"茶商多集股组成，资本相对较少。抗日战争以后，"西帮"茶商有的撤走，有的缩小规模经营，"本帮"茶商继续经营但力不从心。当时民国政府曾给予贷款扶持，使"本帮"茶行能继续经营，并取得了良好的经济效益。

茶行的关键业务是精制加工，茶行采取包工制，由包头负责，工价以精茶每担（50公斤）论，全县制茶工人由包头雇用，以外地人居多，本地次之。红茶盛时，全县制茶工人达5万余人。

茶行拣茶工

黄沙坪古茶市裕通永茶行

　　精制红茶需要大量拣茶工，这些人员大都是茶行附近农村妇女，一家茶行拣茶人数多的上千，少的也有几百，拣茶工的工资则由茶行开支。

　　茶叶经过筛分、拣剔之后，进行复火，焙房管理甚严，闲人不得入内。拼堆是包头亲自把关，装箱更为茶商所重视，精茶茶箱由专业人员制作，内衬锡箔，规格严紧，外包装清晰标明茶类、等级、重量、产地、日期等。运交口岸的茶箱由茶商的亲信押运，俗称"押帮"。安化茶行从购销黑茶起即长盛不衰，经营红茶更是欣欣向荣。

　　1937年日寇入侵我国以后，给我国人民带来了空前灾难，安化的茶业也大受影响，因交通阻塞，外销红茶几乎停顿，西北的边销市场茶叶奇缺，安化茶叶则大量积压，于是大量茶行歇业，至1949年县内只剩5家尚在经营。中华人民共和国成立后，茶叶统归国家经营，茶行不复存在。

# 第四节
# 民国时期安化茶的历史贡献

1934年（民国二十三年）湖南省茶事试验场调查："安化产茶之丰，品质之佳，为全省之冠，在全国茶业中亦占有重要地位。"民国期间，安化茶的历史贡献是巨大的，归纳起来，主要体现在如下几个方面。

**活跃了农村经济。**安化是大山区，耕地甚少，经济十分落后，山民以棕、桐、竹、木、茶换取粮食、布匹等生活物资。安化种茶效益

安化百年木仓

高于其他各业，山民大半以茶为业。各地茶商蜂拥而至，销路既通，茶行兴旺，更刺激群众发展茶叶生产的积极性，茶叶产量迅速增加，形成了良性循环。

据1922年《湖南之财政》载，安化运销红茶40万箱（折合12,096吨），按汉口的安化红茶平均价格计算，总计价值达银840万两，数量占全国出口红茶的12.1%，为湖南的44.5%。全县红茶产销大好的同时，黑茶边销仍维持良好势头，两大茶类并存，各显异彩，创造了安化茶业的辉煌。茶区经济兴盛，促进了工、商、学各界的发展。为茶业服务的铁、木、竹等手工业逐渐繁荣，茶叶包装业日渐兴盛。安化历来缺粮，洞庭湖区是我国主产粮区，安化茶业昌盛，一批批茶船顺资水而下，一批批装运大米、布匹等货物的船队溯江而上，航运交通业随之发展，可谓茶业兴盛，百业欣荣。

**改善了山民生活。**茶区历来流传着"安化山里不作田，三个月茶阳春吃一年"的说法。安化山民除用茶换粮、提高吃食质量之外，也逐步改善衣、住等生活条件，山民依靠茶叶安居乐业。民国初期，安化茶业仍较兴旺，以后逐渐低落。1930－1936年（民国十九年至二十五年）茶价基本稳定，每50公斤红毛茶按"元""享""利""贞"四个等级，可换大米456.5、346、272及175公斤。1939年（民国二十八年）以后，因抗日战争影响，茶粮比价失调，茶农饱受"米贵茶贱"的痛苦。

**增加了国库税收。**历代王朝，茶叶税都是一项重要的国库收入。安化自建县不久，即设茶场，开征买茶税。清咸丰六年（1856），湖南设盐茶局，专收盐、茶厘金税，在百货的厘金中，茶叶纳税最重。同治、光绪年间税率亦达20.7%。同治五年（1866）安化红茶最盛时

茶税除国课外附加各项茶捐

期，在小淹镇设立茶厘专局，年税收 30 — 40 万两，至民国十九年
（1930）才予裁撤。民国时期，税率略有下降，如 1942 年（民国三十
一年）为 15%，1946 年为 10%，但地方对茶叶所征苛捐杂税，多如牛
毛。如 1934 年（民国二十三年）安化县政府颁发植字第 30 号布告，茶
税除国课外附加各项茶捐。据 1934 年刘凤文调查，安化茶行由省财政
厅颁发牙贴，岁纳税款 40 — 50 元，茶行借口向茶农抽收 5.7% 的佣
金，以资补抵。茶叶纳税，茶商、茶农各有税目税率，茶农应缴各
税，由茶商在收茶时扣除，茶商应负的茶捐转嫁到茶农头上。善良老
实的山区茶农只能逆来顺受，不敢有半个不字。但是一旦到了忍无可

忍时，也曾不顾一切奋起反抗。1930年安化县府案卷载，大约每百斤红茶（毛茶）茶价应为40元，茶农仅实得20余元。1934年，"安化茶捐，引起纠纷……"双方代表赴省呈报控诉，为时一月，以致各机关人员全部退出，县长罗植乾自行赴省引咎辞职，全县一片混乱，政府职能陷入停顿。

**造就了大量茶叶专业人才。**茶行通过经营及不断改进技术的实践，造就了大量茶叶审评、加工及茶厂管理、茶叶营销人才。边江刘姓人家高超的千两茶压制技艺流传至今仍是宝贵财富。农村中的种茶、采茶能手到处都有。从安化调出不少技术人员支援外省发展茶叶生产，至今江、浙一带的茶厂仍有很多安化人的后代。

# 第六章

# 抗战期间安化黑茶实业救国

　　彭先泽在1940年（民国二十九年）所编著的《安化黑茶》中写道："抗战军兴，政府为提倡茶叶生产，活泼农村金融，以奠定后方治安，并发展国际贸易，换取外汇，以增强抗战力量，于各产茶省区，组设茶业管理处，以管理该省茶叶之产制运销。"战时益阳、安化茶界千方百计、千辛万苦发展茶业实业救国。特别是以彭国钧、彭先泽父子和黄本鸿、杨开智等为代表的茶人，锲而不舍，忍辱奋争，从组织协调、理论探讨、技术改进、包装和工具革新、运输、人员培训等方面努力经营10余年，艰苦备尝，取得了举世瞩目的成绩，不仅维持了西北茶叶市场的供应，而且持续开展与苏联等国的易货贸易，换取抗战所急需的物资，为抗战胜利作出了很大的贡献，也为日后安化黑茶的发展打下了良好的基础。

# 第一节
# 战时环境下的黑茶生产

1937年7月7日卢沟桥事变发生，日本帝国主义加剧对中国的入侵。国民政府开始由平时体制转向战时体制，在军事委员会之下设立贸易调整委员会（后易名"贸易委员会"，改隶财政部），由复兴商业公司、中国茶叶公司和富华贸易公司专门负责桐油、茶叶、猪鬃等农产品的收购、运输与外销工作。

当时，我国的茶叶对外贸易对象主要是苏联，与苏联签订了《易物贸易协议》。1938年2—3月间，中国茶叶公司通过香港拓展外销，并利用放空回苏的汽车进行运输与苏联以货易货。

1937—1939年，国民政府分三次向苏方借款2.5亿美元，中方以农矿产品抵偿。为此，中国茶叶公司用大量贷款收购茶叶，于1938年与安化益川通、孚记两家茶号订立合约，共办联合精制茶厂，并派技术人员指导，当年茶叶出口不降反升，产销量同比增加5万担左右，销售总额增加约460万元，茶叶价格也有所提升，茶农茶商普遍受益，政府外汇增加。

随后，苏联取消购买日本、锡兰①茶叶计划，改为全部从中国购买，茶叶成为中国对苏易货偿债的主要商品，年订购量达到红、绿茶

---

① 1978年8月改称"斯里兰卡民主社会主义共和国"。

湖南省茶叶管理处成立时合影

1.06万箱、砖茶20.5万箱，总价值约1,400余万元。这一协定增强了国内茶叶生产、收购和运输的动力，贸易委员会决定加快茶叶在内地集中生产的步伐，由产茶各省政府负责办理。

安化作为全国重点产茶县之一，为了进一步发挥安化茶支持抗战的作用，湖南省建设厅成立茶叶管理处，以刘宝书为处长、彭先泽为副处长，并在安化县东坪镇设立办事处。

彭先泽对安化茶叶生产进行了组织协调，将中国茶叶公司、湖南私立修业高级农业职业学校、湖南省第三农事试验场（1938年6月改为湖南省农业改进所安化茶场）以及安化各大茶商联合起来，形成了一股巨大的茶业实业救国力量。湖南省茶叶管理处联合湖南私立修业高级农业职业学校师生，在资水两岸动员茶区群众组织茶叶生产合作社98个，有社员4,671人、社股9,522元，同时发展茶业金融，申请茶贷扶植，并由湖南省农业改进所安化茶场负责各合作社茶叶的产制运销。

据统计，1938年湖南全省共发放茶叶贷款69万余元，其中安化占

34万余元，约合49%；翌年发放139万余元，其中安化占86万余元，约合62%（《湖南省茶叶管理处报告》）。中国茶叶公司原拟择地开设茶叶示范场，后来鉴于安化茶界的热情与成绩，改为在安化设置红茶精制厂，同时在安化仙溪、小淹、江南、鸦雀坪、酉州、桥口、东坪、马路、探溪、润溪、蓝田等处设立鲜叶初制厂。

1938年8月，安化茶场高桥分场的房屋被日寇全部炸毁，分场停办，人员遣散，部分技术人员调往安化茶场工作。安化茶场聘黄本鸿、杨开智为技师，张嘉涛、谢国权、周显谟、刘达等为技士，另有技佐、技助等共14人。除继续改进茶叶产制技术外，还侧重于制茶机械的研究与创制，并承担了安化黑砖茶研发生产的技术支持等工作。

这一时期，黄本鸿主持红茶精制示范工作，当年"裕农"红茶在香港获115元/担的历史最高价。

1939年安化、新化、桃源、平江、浏阳等产茶县先后组织茶业同业公会，凡经营茶业及关心茶业人士，均踊跃参加，并积极共谋茶业之改进。

1940年省茶叶管理处与安化合作实验区在安化、桃源分别组织茶叶生产运销合作社，定点轮流召集茶农社员，讲解合作社组织章程，指导社务进行。

1941年秋，中国茶叶公司湖南办事处收购安化黑毛茶19,242包，计约325万斤，拟从益阳起运至宜昌再到重庆广元转西北销场，因宜昌失陷，阻滞于沅陵、桃源之间。彭先泽带领员工，用简陋的设备就地加工，夜以继日，将黑毛茶全部代压成茶砖45万片，于1942年9月前全部运抵西北。后又在桃源沙坪设立分厂，除代压中国茶叶公司砖茶外，还促进了湘西砖茶事业的发展，使之适应战时外销砖茶需要，为缓和边销矛盾作出了重要贡献。

1942年3月，中国茶叶公司总技师兼东南茶区场厂联合会会长吴觉农先生到湖南指导茶叶工作，并发动组成东南茶区场厂联合会湖南分会，约集茶界知名人士刘宝书、彭先泽、戴海鲲、黄本鸿、冯绍裘、曾邦选、陈云樵、谌盖勋、曾月甫、李松波、吴造荚等10余人，会商通过组织章程，并酝酿推举刘宝书为主任，彭哲汉为茶贷组长，刘馨为会计组长。会址设省茶叶管理处内。先后申请参加的分会成员有省砖茶厂、省安化实验茶场、安化红茶一厂、安化红茶二厂、湖南私立修业高级农业职业学校褒家村茶场，华湘、华安和陕邦、西邦等10多家私营茶号。

湖南私立修业农业学校（1934年改为湖南私立修业高级农业职业学校）。图为1955年修业学校校门

修业学校全体董事合影

修业学校三十周年纪念庆祝大会

1942年至1943年，省茶叶管理处又协助组织合作社联营茶厂（厂址黄沙坪，厂长谢修斋）、湖南私立修业高级农业职业学校茶科师生和省农业改进所安化茶场技术人员，分别轮流指导红茶精制技术，效果良好，深受茶农社员称赞。

抗战期间，交通阻塞，西北市场砖茶奇缺。1937年以前，内蒙古每50公斤羊毛可换砖茶42—43片。而抗战爆发后，蒙民每50公斤羊毛仅可换砖茶6片多一点。为了团结抗战和筹措资金偿还抗战外债，国民政府要求大力发展茶叶生产，安化茶区积极响应。

1943年，彭先泽为技正兼茶场主任，下设推广、技术、会计、总务四股，共22人，职工48人，这时正值香港被日寇侵占，海上交通受阻，茶叶出口大减，生产日益萎缩。而茶叶又为战时统制出口货物，概由中国茶叶公司经营及办理运销业务。

1944年，因战局影响，茶叶生产更加萧条，中国茶叶公司业务停顿年余，政府所属机构唯安化茶场独存。然亦因经费限制，业务无法开展，处境十分困难。1946年，安化茶场转为安化制茶厂，隶属省建设厅。1947年，复归省农业改进所。由于蒋介石再次发动内战，解放前夕，安化民生凋敝，茶农破产，茶园荒芜，各项试验未能继续进行，安化茶场名存实亡。

# 第二节

# 成功试制机压黑砖茶

　　安化黑茶以往由西商进山（俗称到安化为"进山"）收购黑毛茶制成引包，（引包又称"票"，省财政厅按票征收牙税）。清代至民国时期，以"陕引"和"甘引"的引包形式运销西北。来安化采购"甘引"的茶行或直接运销甘肃，或将安化黑毛茶运至陕西泾阳，委托当地茶坊压制成砖（称"泾阳砖"）销往边疆。

　　囿于史料极为有限，以前人们都认为民国初期以前安化一直都没有砖茶产品，只有运到陕西后压制的"泾阳砖"，但《故宫物品点查报告》中收录了不少乾隆等年间清朝地方官员进贡"安化砖茶"（或记为"安化茶砖"）的历史记载，说明安化茶在本地压砖自古有之。可能是因为茶砖并非大宗产品，在清末民初的社会衰败和动荡时期更是不再制作，以至于不被后人所知。

　　自抗日战争爆发以后，运输日趋紧张，引包体积大，运输困难，而西北边疆兄弟民族"一日不可少"的砖茶因实行计划供应，乃至供不应求。

　　关心乡梓茶叶事业的彭先泽见黑茶年年积压，决意在本邑解决压砖问题，使茶农有所收益。调查中有人认为安化三不能：一是安化水质不好不能压砖；二是安化技术不好不能压砖；三是安化气候潮湿茶叶容易发霉不能压砖。彭先泽以其丰富的农学知识，经过科学研究后，写出《辟在安化不能压砖》一文发表，深得有关人士关注和支持。

　　1939年4月，省建设厅茶叶管理处调彭先泽等筹建湖南省茶叶管理处砖茶厂，并指派其兼任砖茶厂厂长，以安化茶场罗运隆为主要技术骨干，研制安化黑砖茶，厂址设安化江南坪。经省府第43次常会决议，由湖南省银行透支国币[①]300,000元作为开办费和周转金。

彭先泽派员至陕西泾阳及湖北羊楼洞曾压过砖茶的地方考察，然后与湘潭机械厂洽购仿铸手摇螺旋式压砖机、退砖机等机械设备，并由该机械厂派技工来安化安装，经反复试验，黑砖茶压制成功。样砖由专人送往重庆财政部贸易委员会，经茶叶技师鉴评，鉴评意见为："样砖色味均佳，不过稍嫌松脆，倘能使砖块紧结，适合外销。"厂方收到鉴评意见后，随即集中力量，研究改进。产品符合标准后，于1940年8月1日与中茶湖南办事处签订首批合约，11月底如约运抵衡阳，由砖茶厂派驻衡阳代表彭哲汉检样砖送经济部商品检验局衡阳分局，第一次检验灰分稍超标，后开箱复检，水分、灰分皆合标准，报海

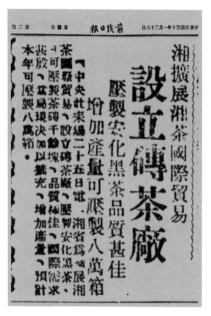

彭先泽设立砖茶厂的相关报道

① 中国近代对政府规定的法定货币的称谓。1902年（光绪二十八年）《中英续议通商行船条约》："中国允愿设法立定国家一律之国币。"1910年（宣统二年）度支部奏定的《币制则例》，规定"国币单位定名曰'圆'"。1914年北京政府曾颁布《国币条例》。1935年国民党政府废银本位制采用法币后，法币仍称"国币"。

关后交中茶湖南办事处照约收购，转运苏联。

自此，安化黑茶结束了在安化不能压制砖茶的历史，改变了安化黑茶"产于安化，成砖泾阳"的落后局面。

1940年12月，砖茶厂成功压制砖茶获得各方面的好评，宜扩大砖茶产制规模，满足出口苏联的需要，经提请省府第162次常会决议，自1941年1月起，原茶叶管理处砖茶厂改为湖南省砖茶厂，由省建设厅直辖，厂长仍为彭先泽，分设总务、工务、业务三课及会计、出纳两室，并设桃源沙坪分厂。建厂后因任务重，实行日夜两班制。7月份首批砖茶10万片运抵兰州，从此砖茶内外销兼顾，市场不断扩大。

1942年，中国茶叶公司派总技师李厚徵到湖南考察，策划进一步扩大砖茶产量，湖南省政府建议，砖茶厂实行中央与地方合营。省府1943年5月第299次常会决议，资金筹集为国币300万元，公司投资200万元，省府投资100万元，厂名更为"中国茶叶公司湖南省砖茶厂"，厂长仍是彭先泽，另设酉州分厂，厂长周世胄。茶行扩充到9家，分设12个工场，压机由6部增加到50部，延聘复旦大学茶叶系及湖南私立修业高级农业职业学校茶科毕业生多人，以充实技术力量，大量压制安化黑茶砖。同时安化茶场首创土法制造茶素（咖啡碱）工艺，每50公斤低级红茶可提炼茶素1—3磅，每磅售银元100元，由当时的私营同济药房、大中华茶厂等运销四川，为东坪、桥口、黄沙坪、酉州等地茶厂滞销红茶找到了新的出路，促进了茶叶资源的充分利用。

1943年，共压制砖茶251.8万片，折合5,200吨，其中约4,000吨运至新疆哈密，由中国茶叶公司销往苏联，为国家偿还贷款及换购物资，支援抗日战争。

1944年2月，中国茶叶公司电令厂方速压苏销砖茶600万片，为扶植茶农积极生产黑毛茶，当年贷放黑茶生产贷款70余万元。

1944年6月，湖南省政府安化行署根据省建设厅电：以中茶湘分公司归并复兴公司，省府决定中茶湖南砖茶厂自6月2日起，由复兴公司湘分公司接管，派冯绍裘为复兴公司湖南砖茶厂厂长，继续经营压制砖茶。

随后中国农民银行①、湖南省银行②及西北民生银行实业公司共同集资筹组安化茶叶公司，彭先泽为经理，设安化砖茶厂于白沙溪，彭中劲为厂长。

自1943年至1945年，在国营茶厂的技术辅导和各方面的扶助支援下，已筹建好的砖茶厂有华湘、华安、两仪、安太、天太庆等5家，其中华安、两仪两家已投产，三年中共生产砖茶193,882片，对缓和当时西北销售紧张局面起到了一定作用。

1939年至1945年，国营砖茶厂生产砖茶数量如下表。

### 国营砖茶厂生产砖茶数量表

单位：片

| 年 度 | 厂 名 | 产 量 |
|---|---|---|
| 1939年 | 湖南省茶叶管理处砖茶厂 | 200 |
| 1940年 | 湖南省茶叶管理处砖茶厂 | 64,299 |
| 1941年 | 湖南省砖茶厂 | 45,762 |
| 1942年 | 中国茶叶公司湖南砖茶厂 | 666,572 |
| 1943年 | 中国茶叶公司湖南砖茶厂 | 2,518,119 |
| 1944年 | 中国茶叶公司湖南砖茶厂 | 165,409 |
| 1945年 | 湖南省农业改进所安化茶场 | 245,338 |
| 合 计 | | 3,705,699 |

① 旧中国四大官僚资本银行之一。1935年总行迁南京。1949年由人民政府接管，清理结束；迁往台湾部分于1967年5月20日在台北复业。

② 中国旧时的地方银行。1929年1月1日成立。总行设长沙。解放后由人民政府接管，清理结束。

## 第三节
## 开辟抗战茶道

资水为历史上的天然运输通道，东坪、黄沙坪、江南坪、小淹等茶行云集之地，也是天然码头的所在地。传统的运输路线大都通过走水路，由汉口中转，再向西北，连上川陕、川藏的茶马古道，再进入丝绸之路。

很多茶行直接沿江设置自己的运输码头。安化深山间溪流密布，当年运输毛茶及鲜叶的排帮是著名的运输大军。从茶行到茶市，大小船只通过资水入长江，抵达汉口等重要集散码头。从湖北入河南，抵达河北再进入晋陕集散地，在进入平原运输大道之前，安化茶巧妙地借助了水路运输优势。

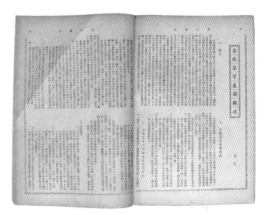

民国时期《湖南经济》所载《安化茶业产销概况》

然而，抗日战争爆发后，日军侵占武汉，无法到达汉口，传统的运茶通道断了。交通中断，导致西北市场砖茶奇缺，安化黑茶却在本地大量积压。

当时形势十分严峻，彭先泽等人冒着炮火硝烟，于1941、1944年两次绕道贵州、四川，赴青海、甘肃考察，探寻新的茶叶运输路线。

彭先泽两次西北万里行，确定了安化黑茶运往西北各地和出口苏联的4条"抗战茶道"，并与甘肃、蒙古和苏联代表签订了供货合同，绘制了从安化运抵兰州、西安、苏联恰克图等地水陆运输路线图，写出了《西北万里行》在《湖南砖茶》季刊发表，打通了安化黑茶销往西北乃至苏联的战时渠道。

战时运输路线的选择是一件很费心思的事情。彭先泽最先确定运往西北的路线是由产地船运到益阳后，用小轮船拖原帆船，经沅江、安乡、公安、松滋到宜昌，改驳帆船，用较大的轮船拖经秭归、巴东

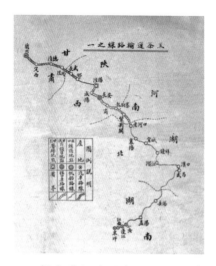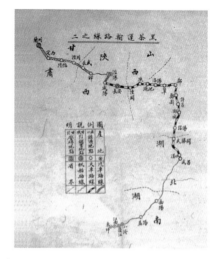

彭先泽抗战时期绘制的黑茶运输路线之一、之二

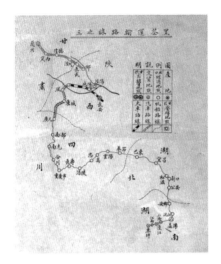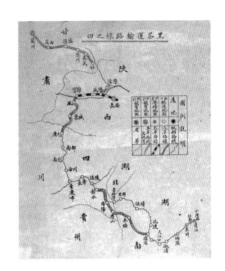

彭先泽抗战时期绘制的黑茶运输路线之三、之四

入四川经巫山、奉节、万县①、酆都②、涪陵、长寿到重庆，再用小轮船拖经合川、南充、苍溪到广元，装车入陕西，经宁羌③、沔县④、褒城⑤、凤县到宝鸡，换装火车，经扶广、平兴到咸阳，然后装车运到泾阳压砖，装船沿泾河到邠县⑥，由邠县装车，经长武入甘肃，经泾川、

①旧县、市、区名。在重庆市东北部。明由万州改置。1950年县城析置万县市，1992年万县并入万县市。1997年撤市改万县区，1998年改名万州区。

②旧县名。在重庆市东部，长江沿岸。隋置丰都县，明改酆都县，1958年复改丰都县。

③旧县名。位于陕西省西南部。1941年改名宁强县。

④旧县名。在陕西省西南部。明由沔州改置。1964年改名勉县。

⑤旧县名。在陕西省西南部。隋由褒中县改置，并入沔县。

⑥旧县名。在陕西省西部。1913年由邠州改置。1964年改名彬县。2018年改设彬州市。

平凉、隆德、静宁、定西到兰州。

这条路线比以往难度更大。出安化之后，几乎都是逆水行舟。很多路段还需要纤夫沿岸拉船才能行船。成本高了，效率低了，但是在战火纷飞的年代，好歹把一条新的运茶路线给探索出来了。很难令人相信的是，彭先泽只是一个知识分子，这种对地理路线的判断与实践，需要智慧，需要博学，更需要勇气，但他却做到了。

然而，即便这样的运输路线也好景不长。1941年，战事进一步扩大，长沙会战以来，长江航道进一步受阻，原来好不容易开辟的运输路线又被打断，不能再沿长江运茶了，彭先泽不得不开辟另一条新的运输路线。

这条路线由产地装船，逆资水而上至安化烟溪，装车运至溆浦、低庄改小船运至溆浦大江口，沿沅水下驶，经辰溪、泸溪至沅陵，换小帆船沿酉水溯流而上，经永顺、保靖之里耶、鲁班潭（鲁碧潭），装车入四川至西阳彭水，改装帆船经涪陵、长寿至重庆，再沿嘉陵江上至广元，装汽车从广元越秦岭经川陕公路、华双公路至兰州。

茶叶运抵兰州后，运至各消费区域的运输路线主要有四条：甘青线（兰州至西宁）、兰星线（兰州至星星峡）、兰拉线（兰州至拉卜楞）、兰宁线（兰州至宁夏）。

这些黑茶之路的开辟，源于武汉的沦陷。在"战时黑茶之路"上有多大的牺牲，至今已经无法估计。"蜀道之难，难于上青天"。然而，不管困难多大，抗日战争和解放战争时期，安化通往西北的这条茶路一直都在运转。

# 第七章

# 经济变革时期安化黑茶的艰难状况

　　中华人民共和国成立后，安化茶叶生产进入了一个崭新的黄金时代。由于国家政策的扶持，1952年安化茶园面积从解放初的7万亩恢复发展到10万亩。到1985年全县茶园面积近20万亩，茶叶产量达8,500吨。但从20世纪80年代中期开始到21世纪初，安化黑茶乃至整个安化茶产业陷入低谷，安化茶业在经济变革时期进行着艰难的探索。

# 第一节

# 解放初期安化茶业体系的形成

1949年6月，安化宣告和平解放。解放初期，有着悠久产茶历史的安化县十分重视茶产业，从多个方面全方位推进茶产业的管理和发展。

**管理机构不断完善。** 1951年至1953年，安化县人民政府设农建科，负责茶产业的行政领导，同时建立农业技术推广站（下设茶叶组），配备茶叶技术干部，开展技术推广工作。

1956年，安化县农业局设经济作物股，主抓茶叶，各区建立农业技术推广站，配备兼职或专职茶技人员；同时成立县农产品采购局，主要负责茶叶及畜产品收购。1959年2月，安化县设立茶业局，统一领导全县的茶叶生产。1963年，安化县成立茶叶工作办公室，领导全县茶叶生产与收购。

**茶叶生产恢复较快。** 1935年，湖南省茶事试验场对全省茶园面积进行过一次大规模调查，核定安化茶园面积为1.34万公顷。但因战争等原因，茶园面积大减，至1949年，总面积减少近一半，其中熟土茶园面积仅4,690公顷左右。

中华人民共和国成立后，安化县响应中央号召，迅速恢复和发展茶叶生产。解放后的1949年冬，安化县人民政府向茶区发放大米1,500吨，帮助茶农垦复荒芜茶园。1950年，取消陈规陋习及苛捐杂税，无息贷款贷粮给茶农，无偿推广揉茶机，收购茶叶执行中央规定的样、价等政策，极大地调动了茶农的种茶积极性。1950年至1953年

4年中，共对茶农无息贷放大米1,008.41吨、人民币50亿元（相当于1955年旧币换新币之后的50万元）。1952年，安化县茶园面积由民国末期的7万亩恢复到10.15万亩，茶叶产量由2,370吨增加到4,456吨。1950年至1958年的9年间，安化县年均向国家交售茶叶3,930吨。

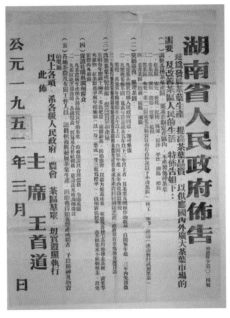

1952年3月，湖南省人民政府主席
王首道发布发展茶叶生产的布告

**购销体制初步建立。** 1950年，湖南全省茶产区分工划定安化为红茶区，但除马辔市以上区域外，大部分茶区仍然坚持夏季采制茶。1951年，规定全县仍然以产制红茶为主，但划定梅城、仙溪、小淹等地为黑茶区。1952年初，根据中央的"产销分工"精神，茶叶生产及初制由农林部门掌握，收购加工由中国茶叶公司经营，并由湖南省人民政府划定安化县江南镇以西为红茶区、以东为黑茶区（这一划区生产政策沿用到1985年），在划定区域内，除群众自用茶外不得产制其他种类茶叶。

从1950年起，国家对安化茶叶实行统购，农民不得对外出售茶叶或自由交易。但具体的收购方式经历了几次变化：1950年和1951年，由国营茶厂派人到茶区设立茶叶收购站，直接收购毛茶，规定毛茶税金统一由经营单位缴纳。从1952年起，各茶区毛茶统一由县供销社和县农产品采购局代购，各茶厂负责收购资金及评茶技术。1957年开始，毛茶代购改为内部调拨，收购资金统一由县供销社向银行贷款解决，各茶厂负责统购及调拨货物。

**生产经营合作化。**1952年开始，根据"自愿互利，组织起来"的原则，通过互助合作发展茶业，引导群众走专业经营的路子，推广茶

1950年，中华人民共和国成立后安化茶场第一任场长、杨开慧
烈士的长兄杨开智（第二排左五）与职工的合影

1955年湖南省茶训班班部工作人员合影

叶栽培、初制技术及揉茶机的使用。同时把每年11月定为荒芜茶园垦复月，由县里派出茶叶技术干部、从茶厂抽调和雇请一批有茶叶生产专长的人员深入茶区，指导采茶制茶技术，宣传发展茶叶生产的方针政策。是年，云台山茶叶合作制发展为农茶结合的常年互助合作。1954年黄沙坪白泡湾建立全省第一个茶叶生产合作社。1955年，尝到互助甜头的云台山伍芬回互助组精制绿茶1公斤，寄给毛主席品尝。

　　1956年茶区全面实现合作化。是年，湖南省在安化马路口召开茶叶发展现场会。1957年，茶叶生产专业队进一步发展，安化全县茶园面积达到7,484公顷，在茶叶采制季节共安排专业劳力1.8万多人，其中经过技术培训的有8,000多人。1958年起试办专业茶场，至20世纪60年代，全县共建立社队茶场1,101个，组织茶叶初制所（组），推广茶叶产制技术及制茶机具，促进茶叶单产及品质逐步提高。

**国营茶场成绩斐然。**人民政府为迅速恢复和发展茶叶生产，在东坪成立新中茶公司安化支公司（1952年迁长沙），同时接管了安化茶场，定名为中国茶叶公司安化实验场，湖南省茶叶公司副经理杨开智兼任场长。杨系革命老人，又是茶叶界老前辈，在这百孔千疮的废墟上，通过周密筹划，事必躬亲，使茶场迅速步入正轨，恢复了生机。

1951年，安化茶场结合土地改革试点工作，就近划入了部分公益田土、山林百余亩，使茶园比较集中连片，有利于经营管理。8月，根据省茶叶公司的安排，技术人员杨润奎、张善之、廖奇伟等10余人分赴长沙、平江、浏阳、新化、桃源等县参加中南农林部湖南茶叶调查工作，历时3个多月。12月，副场长王云飞出席了北京全国茶叶生产会议。根据会上决定的产制分家精神，安化茶场归口农林部门领导，1952年元月更名为湖南省人民政府农林厅安化茶场，指派刘仲云代理场长。9月苏联茶叶专家贝可夫、索利魏也夫、哈利巴伐等人在中央农林部、湖南省农林厅、省茶叶公司等有关部门人员陪同下来安化考察，对新茶园建设的技术规格和苗圃管理等工作表示满意。

1953年，根据国家第一个"五年计划"相关精神，省农林厅将高桥、君山、安化3个直属茶场明确分工，决定安化茶场以科学试验研究为主，结合扩大茶园面积，调整充实技术力量，添置图书和仪器设备，建立健全规章制度，加快科研步伐，加强示范与推广，并调方永圭主持工作（任场长）。

1954年8月，省农林厅将茶场下放到县办，改为安化县茶场，1958年经地、省批准，又定名为安化县茶叶试验站（两块牌子一套人马）。在当地党委的领导下，不仅生产发展迅速，而且结合生产开展

1956年4月，安化县茶叶初制示范厂开工典礼合影

科学试验，很快改变了茶场面貌，茶场规模进一步扩大。通过1956年和1959年两次扩建，茶园面积在接管旧茶园40亩的基础上发展到1,291亩，年茶叶产量由1950年的红毛茶7担增长到2,800担左右，茶叶产值由1950年的3,700余元提高到65万元以上。

安化茶场在发展生产的同时，开展了大量的科学试验。1958年4月，在中央第二商业部湖南茶叶工作组的指导下，进行了分级红茶（红碎茶）初制试验。通过工具改革和工艺探索，试验22次53批，在全国最早获得成功。北京、上海、广州等茶叶公司相继发来贺电，《湖南日报》进行了报道。我国自1934年起开始分级红茶试验研究，20多年中一直没有取得进展，这次在安化一举取得成功。

由传统的工夫红茶改变为分级红茶，这是茶业发展过程中的一次革命，在我国茶叶生产史上写下了辉煌的一页，为中国茶叶打进国际市场奠定了良好的基础。

　　1959年，省农业厅号召向建国10周年献礼，对高桥、安化两茶场下达了试制名茶的光荣任务。两茶场科研技术人员经过精心探索，成功研制出绿茶新产品——"安化松针"。产品送请国内科研、农业院校和有关茶叶单位审评，认为："细直秀丽，翠绿匀整，状似松针，白毫显露，香气馥郁，滋味甜醇，品质具有独特风格，可与各地名茶媲美。"后来，"安化松针"多次参加北京农业展览会和全国评比，被列为全国名茶之一。

　　在茶树栽培试验方面，安化茶场也取得了不俗的成绩。茶树栽培时间长，受自然条件制约，影响因素复杂。安化茶场选定生产中存在的主要问题设置课题，进行探索，成功解决了一系列栽培过程中的难题，先后在《农业学报》《茶叶季刊》《茶叶》《茶叶科技简报》《茶叶通讯》等刊物上发表了论文，得到了国内专家的肯定。

　　为了将科学技术转化为生产力，安化茶场在1952年冬主办了湖南省人民政府农林厅茶叶产制技术训练班。1953年，受西南农林部委托，在褒家冲举办了西南茶叶干部学习班，四川、贵州、云南、广西、西康[1]5个省保送来的学员40余人参加了学习。1958年7月，又创办了安化县茶叶学校。1960年6月，茶叶学校副校长（兼）方永圭出席了北京全国文教群英会。安化茶场与茶叶学校先后为湖南省涟江茶场、邵阳地区茶铺茶场等20多个生产单位（包括县内红碎茶厂）培训

---

　　[1] 旧省名。在中国西南部。包括今四川省西部及西藏自治区东部地区。1914年设川边特别区，1928年改为西康省，先设西康建省委员会，1939年将原属四川省的雅安、西昌等县划入正式建制。省会雅安。1950年金沙江以西改设昌都地区。1955年西康省撤销，金沙江以东地区划归四川省。1956年昌都地区划归西藏。

1950年安化红茶厂成立留影，第二排右十为黄本鸿厂长，第三排右八为杨开智

了大批茶叶加工技术力量。为省内外的大专院校，如华中农学院[1]、湖南农学院、中南茶干班及常德、长沙、黔阳[2]等地区农校的茶叶专业毕业生提供了实习场所。在农村开展互助合作和人民公社化的高潮阶段，每次接待农民、工人、干部、学生以及有关生产会议的代表，多至千人以上，使国营茶场起到了传播科技知识和典型示范的作用。

**国营茶厂乘势而上。** 1950年，西州安化红茶厂兴建，在中国茶叶公司统一领导下，安化茶场迁褒家冲办公，接管原湖南私立修业高级农业职业学校实习农场所有土地（包括丛式茶园40余亩）及全部财产，作为发展基础。同年10月，开辟苗圃50余亩，育苗500多万株。

---

① 即今华中农业大学。

② 黔阳地区，湖南地级行政单位，1981年更名为怀化地区。1997年，撤销怀化地区，改设地级怀化市。

安化第一茶厂

1951年，中国茶叶公司安化砖茶厂两厂合一，由江南全部迁移至白沙溪，加工各种黑茶，初步形成了安化县新的茶业加工体系。

1953年，各行业公私合营开始。中国茶叶公司中南区公司安化支公司安化红茶厂和西帮、广帮茶商部分茶行陆续并入华湘茶厂，它成为中华人民共和国成立后湖南省最早、规模最大的国营茶叶加工企业，有"中南第一茶厂"之称。1953年3月，安化红茶厂改为"中国茶叶公司安化第一茶厂"，并于第二年与安化第二茶厂（原安化砖茶厂）合并为"湖南省茶叶公司安化茶厂"，设于白沙溪的安化第二茶厂改名为"安化茶厂白沙溪加工处"。

1957年3月，根据湖南省供销社要求，安化茶厂与白沙溪加工处分开，酉州本部作为湖南省安化第一茶厂，以生产红茶为主，1959年更名为"湖南省安化茶厂"；白沙溪原安化砖茶厂更名为"安化第二茶厂"，随后一部分迁益阳，定名为"湖南省益阳茶厂"，原厂变更为"益阳茶厂安化白沙溪精制车间"，直属省外贸茶叶进出口公司，成为安化县第一家生产边销茶的国营茶厂。

# 第二节
# 计划经济时代安化黑茶的发展

1958年，毛泽东主席在安徽舒城舒茶公社视察茶叶生产时，发出了"以后山坡上要多多开辟茶园"的号召，从此时开始直至1964年"农业学大寨"运动，安化县因地制宜，大力扩建新茶园，重点建设社队茶场，并在种植技术上进行重大革新，单行、双行条列式及密植速成茶园占70%以上，特别是在知识青年上山下乡运动中，基本上把公社和县级茶场作为知青驻点，很快就形成了"社社有茶厂、大队有茶场、小队有茶园"的发展格局。

但是，在发展新茶园的过程中，许多地方放松了质量要求，所建茶园标准不高，如土壤没有全部深垦，大部分未施基肥，坡度较大的茶园没有建梯，加上管理不善，以致茶园单产不高，很快出现未老先衰现象，过早地需要技术改造。

1959—1960年，在全国"大跃进"运动的影响下，茶叶生产出现了违背客观规律的盲目发展。县里提出"亩产茶叶超千斤，万担公社上北京"的高指标口号，出现了"四季采茶"的过度采摘和滥采滥制。1960年茶叶收购量由1959年的4,152.55吨增加到5,362.55吨，约增加29.14%。而茶叶质量空前下降。据安化茶厂统计，收购的2,469.75吨红毛茶中，有不少是无饮用价值的隔年梗叶，均价（每50公斤）仅46.23元，较上年降低25%。掠夺式的生产使茶树元气大伤，加上重粮轻茶，重采轻培，导致以后11年间全县茶叶产量下降，

1964年，湖南农学院施兆鹏教授带领茶叶专业61级学生到安化茶场实习时的合影

一直徘徊在3,500—4,000吨之间。

　　1974年，全国茶叶会议提出促进茶叶生产大发展，计划到1980年在全国建100个年产茶叶5万担的主产县。会后，安化积极落实会议精神，社队集中连片建茶园、办茶场，实行科学种茶，改进制茶工艺，茶叶加工实现机械化或半机械化，种茶技术和茶叶品质显著提高，茶叶生产的发展速度大大加快。到1976年，安化达到年产茶5万余担，是全国第一批18个年产5万担茶的主产县之一，提前4年实现了目标。1977年5月，安化出席了农林部、外贸部和全国供销合作总社在安徽休宁联合召开的全国年产茶叶5万担县经验交流会，受到会议表彰。

　　在产量不断增加的同时，品质也在不断提升，安化茶产品创新不断，名茶选出，产品系列也基本形成。其中，安化黑茶产品形成了以安化黑砖、茯砖、花砖为主的砖茶系列，天尖、贡尖、生尖为主的湘尖茶系列，千两茶系列；红茶类分为红碎茶、工夫红茶和小种红茶三个大类。

这一时期，安化茶业经历了公私合营、茶业机械大规模普及的历史阶段，整个行业逐步进入机械化大规模生产。白沙溪茶厂、安化茶厂、安化茶叶公司茶厂、益阳茶厂等6家茶厂先后成为国家边销茶定点厂家，占湖南9家边销茶厂的2/3、全国26家边销茶厂的1/5左右。到20世纪70年代中期，湖南全省每年边销茶产量达到2万吨以上，占据全国边销茶产量的半壁江山，其中2/3出自益阳和安化。

中国共产党十一届三中全会以后，安化县确定全县农业生产的方针是"以林为主，林粮结合，多种经营，全面发展"。着重强调发挥茶叶优势，提高基本建设的投入。1981年以后，每年改造低产茶园1万亩，扩建新茶园（主要是条列式或密植速成茶园）5,000－8,000亩，狠抓茶园培育管理，力争提高单产。由抓产量第一转为抓质量第一，由分散的粗放经营转为集中的集约经营，以提高商品的竞争能力，提高经济效益。这段时期，全县茶叶生产呈直线上升，以1977年产茶5,645吨，产值753.59万元为基数，至1985年，茶叶产量达8,500吨，产值1,891万元，分别增加约50.58%及约150.93%。

据1990年完成的全县区划工作显示：安化县茶叶产量居全国第三，全省第一，成为全国3个产茶10万担以上的县之一。茶园面积由解放初期的11万多亩发展到1982年的15万多亩；产量由1950年的72,500多担增加到1982年的143,200担，增长了约98%。1950年至1982年，全县共向国家交售茶叶291.18万担，年均约9.1万担。全县社队茶场达到1,100个，茶园面积62,871亩，占全县茶园总面积的

24.9%，其中公社茶场50个，面积8,900亩；大队茶场1,050个，面积53,971亩。社队茶场茶园集中连片，专业化程度较高。1982年社队茶场产茶49,648担，占全县总产量的41.9%。全县有各种制茶厂47个，其中红碎茶厂21个，绿茶厂8个，乌龙茶厂18个，拥有大型制茶机械595台，小型揉茶机2,888台。黑茶制作工艺也比较讲究，茶类质量都较好，故而一直在边疆少数民族地区享有很高声誉。

为了适应国内外茶叶市场的需要，1980年在黑茶出现供过于求的情况下，有12个公社转产红碎茶，2个公社试制乌龙茶，7个公社生产绿茶，各类茶叶均得到口岸公司及国内消费者的好评。

1984年9月，省农业厅在安化召开茶叶现场会，与会人员参观了安化县茶场、唐溪五一茶场、马路镇八角塘村及科技示范户龚寿松的丰产茶园和品种试验区。时任农业厅厅长王守仁对安化茶产业给予了高度评价。

1985年日本专家松下智先生、佐野先生在安化考察

## 1949—1985年安化县茶园生产情况表

| 年度/年 | 面积/公顷 | 产量/吨 | 年度/年 | 面积/公顷 | 产量/吨 |
|---|---|---|---|---|---|
| 1949 | 5,169 | 2,370.0 | 1968 | 5,603 | 3,532.9 |
| 1950 | 5,169 | 3,626.2 | 1969 | 6,243 | 3,600.0 |
| 1951 | 5,169 | 3,934.5 | 1970 | 8,671 | 3,776.5 |
| 1952 | 6,770 | 4,030.0 | 1971 | 9,805 | 4,246.9 |
| 1953 | 6,770 | 4,005.3 | 1972 | 10,314 | 4,600.0 |
| 1954 | 6,957 | 4,233.9 | 1973 | 11,039 | 4,650.0 |
| 1955 | 6,957 | 4,220.0 | 1974 | 11,352 | 5,050.0 |
| 1956 | 7,204 | 4,740.0 | 1975 | 11,106 | 5,150.0 |
| 1957 | 7,450 | 3,400.0 | 1976 | 11,106 | 5,234.8 |
| 1958 | 7,697 | 4,110.0 | 1977 | 11,106 | 5,645.0 |
| 1959 | 4,589 | 3,152.5 | 1978 | 11,106 | 5,880.0 |
| 1960 | 4,976 | 5,362.5 | 1979 | 10,979 | 6,139.9 |
| 1961 | 4,796 | 3,776.2 | 1980 | 10,999 | 6,080.0 |
| 1962 | 4,676 | 3,145.0 | 1981 | 10,659 | 6,359.7 |
| 1963 | 4,742 | 3,083.4 | 1982 | 10,659 | 7,160.0 |
| 1964 | 5,092 | 3,274.3 | 1983 | 10,659 | 7,033.8 |
| 1965 | 5,349 | 3,625.0 | 1984 | 9,445 | 7,803.5 |
| 1966 | 5,449 | 3,716.1 | 1985 | 9,445 | 8,543.5 |
| 1967 | 6,010 | 3,500.0 | | | |

注：本表录自《安化县农业志》（1991年）

# 第三节
# 改革初中期安化黑茶的生存状况

　　20世纪八九十年代，是国家经济体制全面改革的时期，也是产业经济关系调整的基础性时期，在这一时期，由于种种原因，茶业经济也在经济关系调整中受到了较大冲击。1984年以后，我国茶叶除云南红茶、绿茶和福建乌龙茶有所发展外，其他各省基本在低谷徘徊。安化茶产业在这一时期经历了一场前所未有的生存危机，一度走到了崩溃的边缘。

　　茶园面积断崖式减少。20世纪80年代全面实施了家庭联产承包责任制，联产承包责任制短期内未能激发茶农的积极性，人们为了解决温饱问题，不得不十分重视粮食生产。20世纪80年代中期，部分规模

20世纪80年代，安化茶叶试验场茶园

126

较大的茶场、茶园分给农户或承包给个人经营，由于缺少权威的、正确的导向，安化茶产业处于盲目生产之中。没有资金改造茶园、换种良种，面积也无法扩大，收入在低水平状态徘徊。

　　另外，安化黑茶产业经过10多年的高位运行之后，产区和销区库存不断增加，由于茶叶销售不畅，经济效益低下，茶农不堪负担，不得不大规模毁掉茶园用于改种其他农作物或退茶还林。大量茶场在承包过程中被解散，茶园改种。"社社有茶场，队队有茶园"的模式被彻底打破，茶园面积迅速下滑。统计资料表明，在21世纪初的20多年中，全县茶园面积锐减60%以上。安化人引以为傲的20余万亩茶园，断崖式下降到了10万亩以下。安化县农业局1995年调查了22个乡镇的292个乡、村茶场，这些茶场共有28,382亩茶园，其中有8,727亩荒芜，3,200亩改种，抛荒和改种率达到42%。这种现象一直持续了10多年，黑茶产量大幅下跌，每年仅有数量不多的红茶和绿茶，艰难地维持着安化茶叶生产的命脉。

在毛茶生产方面，原有一定设备的初制厂，也因机械陈旧，无资金更新设备，或因鲜叶供应不足而纷纷倒闭，或处于半停半开状态，有的被兼并作他用。

20世纪80年代后期，全县茶业经济曾出现过短暂的曙光。县委、县政府提出了"以林为主，林粮结合，多种经营，全面发展"的口号，把茶叶列入多种经营范围，把茶叶产业列入八大农业产业之列加以重点发展。大力推行茶叶品种改良、免耕密植技术等，茶园面积、毛茶生产有了一些恢复性转机。但是，由于效益没有太大的起色，仍然没有出现根本性的好转，茶人的生产积极性不高，茶园面积再次减少。据安化县农业局2004年年底统计，全县茶园面积仅为5.71万亩，茶园采摘面积5万亩。尽管县委、县政府对茶产业比较重视，通过林业部门利用部分退耕还林项目改为退耕还茶，同时县财政拿出30万元资金支持茶园建设，一些茶农也自筹资金新建良种茶园，但杯水车薪，改变不了整个茶叶生产的颓势。

黑茶产量20年徘徊不前。1986年至2005年的20年时间里，由于茶园面积大幅减少，全县茶叶产量基本处于低潮。当时茶叶市场疲软，各类茶叶售价低廉，而各种生产成本居高不下，安化茶走进了不销不亏、销售越多亏得越多的怪圈，企业无法正常运转。20世纪80年代中后期，因国内经济过热，引发了通货膨胀，20世纪90年代初为遏制其发展趋势，稳定全国经济和社会，党中央提出了"控制总量，调整结构，整顿秩序，提高效益"的方针。在贯彻中央精神，实现经济适度降温初期，国内市场曾普遍出现疲软现象，市场上有大量商品滞销积压。由于商品流通不畅、销路阻塞，货款不能及时收回，许多企业生产经营受到了严重影响和沉重打击。1986年，全县茶叶产量为

7,572吨，产值为2,450万元。2005年生产各类干茶5,746吨，产值为3,793万元，税收仅4万—50万元，仅有的几家茶厂都已困难重重，处于停产半停产状态。安化茶产业日趋萎缩，在夹缝中生存。

在"搞活"经济的大潮中，安化茶区在市场拓展上也一直在不懈努力，包括增设地级、县级茶叶公司，在销区设置办事处、联络处，采用各种形式的承包制、销售与奖金挂钩以及实行销售责任制等。根

### 安化县1986—2005年茶叶生产统计表

| 年度 | 面积（万亩） | 产量（吨） | 产值（万元） |
|---|---|---|---|
| 1986 | 14.25 | 7,572 | 2,450 |
| 1987 | 14.03 | 8,584 | 2,600 |
| 1988 | 14.36 | 7,188 | 3,128 |
| 1989 | 13.65 | 7,500 | 3,016 |
| 1990 | 13.31 | 7,111 | 1,851 |
| 1991 | 14.04 | 7,859 | 2,454 |
| 1992 | 13.37 | 7,914 | 2,865 |
| 1993 | 13.56 | 7,856 | 3,865 |
| 1994 | 13.29 | 6,684 | 2,046 |
| 1995 | 12.95 | 5,837 | 1,800 |
| 1996 | 10.65 | 4,516 | 1,750 |
| 1997 | 9 | 5,222 | 3,120 |
| 1998 | 8.45 | 5,000 | 3,053 |
| 1999 | 8.46 | 5,222 | 2,385 |
| 2000 | 5.63 | 5,000 | 1,950 |
| 2001 | 5.64 | 5,300 | 2,373 |
| 2002 | 5.76 | 5,368 | 2,575 |
| 2003 | 5.67 | 5,250 | 2,567 |
| 2004 | 5.71 | 5,450 | 3,451 |
| 2005 | 5.68 | 5,746 | 3,793 |

注：本资料来源于安化县农业局历年档案

据当时的市场情况，安化县还适时调整了全县茶产品的结构，减少黑毛茶产量，具体调整对策是"大力发展名茶和优质出口绿茶，稳定红条茶，逐步减少黑茶"。在此期间，个体、私营等多种经济成分的茶叶加工新机制开始萌发、成长，涌现出了一批个体、私营、集体所有制实体。但这种小打小闹的小农经济模式，完全不能撑起安化茶产业这一片大天地。

许多企业虽然想尽办法在不断减产减少库存，消化产品积压包袱，但因产品积压较多，货款又不能及时收回，甚至被长期拖欠，形成了恶性"三角债"，呆账、烂账和亏损接踵而来，大大挫伤了茶企的元气。

龙头企业在逆境中艰苦支撑。白沙溪茶厂是全省黑茶生产的龙头企业，也是国家边销茶的定点生产企业。安化全县生产的黑毛茶大部分都由该厂收购，该厂的生产经营情况是全县黑茶生产的晴雨表，也

白沙溪茶厂老厂区

白沙溪茶厂成为"全国民族用品定点生产企业"

是安化茶产业发展的风向标。

　　白沙溪茶厂一度由于销区产品滞销积压，货款无法按期回收，厂内库存又难以消化，致使银行贷款余额居高不下。仅1991年度就支付银行利息135.2万元，占年度费用总额的70%。当年职工人均负息额近5,000元。因企业亏损，银行停止贷款，流动资金逐渐减少，资金周转越来越困难。原料收购、生产启动，常常要"等米下锅"。因资金匮乏造成生产脱节而先后4次被迫停工停产，累计停产时间达18个月，停产期间，要靠变卖资产和借债来发放留守职工的工资。由于经常停产，产量一路走低。1988－2001年的14年间，白沙溪茶厂累计生产各类紧压茶产品26,432.84吨，平均年产量为1,888.06吨，略低于20世纪50年代平均生产水平（2,099.10吨），约为20世纪80年代年平均生产水平3,704.48吨的51%。这14年，除了前三年生产情况比较正常以外，其余各年份产量参差错落，其中1992年、1994年、1995年、1996年四年产量均在1,000吨以下，1992年因停产整顿进入生产低

131

谷，1993年由于青砖出口实现反弹增长，1994—1996年在低谷徘徊，1997年又有较大幅度增长，1998—2000年保持在平均生产水平线上。市场疲软是生产滑坡的客观原因，也是连年亏损的重要原因。

导致白沙溪茶厂产品严重积压的主要原因，是茶叶流通体制改革使整个黑茶产业一时无法适应。茶叶流通体制改革打破了国有企业一统边销茶市场的局面，使过去长期运行在僵化计划体制下的安化黑茶，一时迷失了方向。边销茶市场处于半开放状态，计划调拨与计划外销售两条经营渠道并行，形成了个人、集体、国有企业一齐上，多渠道、开放式经营的市场新格局，边销茶市场被众多生产经销单位重新"瓜分"。当时，以白沙溪茶厂、益阳茶厂为代表的国营企业边销茶继续实行国家派购政策和计划调拨，但是，流通体制改革后，白沙

关于下达1985年红茶出口和边销茶调拨计划的通知

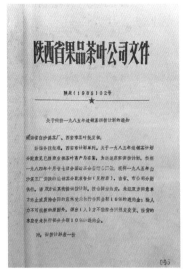

关于衔接1985年边销茶调拨计划的通知

一九八五年紧压茶调出计划

附表三 单位：市担

| 调出单位及品名＼调入单位及点名 | 合计 | 北京市 | 天津市 | 山西 | 内蒙古 | 西藏 | 陕西 | 其中西安 | 甘肃 | 青海 | 宁夏 | 新疆 | 湖北 |
|---|---|---|---|---|---|---|---|---|---|---|---|---|---|
| 合计 | 425950 | 1000 | 50 | 10000 | 2000 | 5000 | 6500 | 2000 | 64000 | 110200 | 12200 | 208000 | 5000 |
| 益阳茶厂茯砖 | 204420 | 400 | 20 |  |  | 5000 |  |  | 37000 | 20000 |  | 142000 |  |
| 临湘茶厂茯砖 | 160000 |  |  |  |  |  |  |  | 12000 | 90000 |  | 58000 |  |
| 白沙溪茶厂黑砖 | 21610 | 400 | 10 |  | 2000 |  | 1000 | 500 | 10000 |  | 200 | 200 | 8000 |
| 花砖 | 33220 | 200 | 20 | 10000 |  |  | 6000 | 500 | 5000 | 12000 | 12000 |  |  |
| 湘尖 | 1500 |  |  |  |  |  | 1500 | 1000 |  |  |  |  |  |
| 新化茶厂红茶 | 1000 |  |  |  |  |  |  |  |  |  |  |  | 1000 |
| 溆浦 " | 1000 |  |  |  |  |  |  |  |  |  |  |  | 1000 |
| 平江 " | 500 |  |  |  |  |  |  |  |  |  |  |  | 500 |
| 桃源 " | 1000 |  |  |  |  |  |  |  |  |  |  |  | 1000 |
| 洞口县 " | 500 |  |  |  |  |  |  |  |  |  |  |  | 500 |
| 湘乡县 " | 500 |  |  |  |  |  |  |  |  |  |  |  | 500 |
| 浏阳县 " | 500 |  |  |  |  |  |  |  |  |  |  |  | 500 |

註：袁列红茶系紧压茶原料

1985年紧压茶调出计划

溪茶厂原有市场份额明显减少。因为边销茶计划外生产经营单位（乡企或个体）都是改革开放中出现的新生事物，具有较强的生命力，经营机制和手段比国有企业更具活力，包袱小、成本低，采取低质廉价倾销策略，对边销茶市场冲击很大。白沙溪茶厂原有七省一市的边销茶计划调拨区域（市场），由于受计划外销售的不断冲击和蚕食，计划调拨区域逐年减少，除新疆、甘肃、内蒙古、陕西等几个省、自治区计划调拨市场比较稳定，保持了连续的计划调拨关系之外，青海、宁夏和山西等省、自治区逐年减少或中断计划，直至完全脱离了计划调拨区域范围。比如青海、宁夏和山西原属白沙溪茶厂黑砖和花砖产品计划调拨的重要市场，脱离茶厂调拨区域范围之后，白沙溪茶厂的黑砖和花砖计划调拨量明显减少。其中黑砖茶在1991－2001年11年间，只有1995年上了年平均调拨水平（418.42吨），其余年份均低于14年平均调拨数量；花砖茶从1992－2001年，有3年为调拨空档，其余7年累计调拨数量只有439.72吨。另外，从计划下达到最终落实销售还要大打折扣，有很大的"缩水"。例如1988－1995年期间，湖南外贸系统边销茶年度计划调拨量在1.8万吨，其中，分配到白沙溪茶厂的计划份额是3,240吨/年，但实际落实的调拨数量平均每年只有1,646.01吨，仅占年计划的50.80%左右。1996年边销茶归口省茶叶总公司管理，当年，省公司分配白沙溪茶厂2,900吨调拨计划指标，约占全省计划总量20,690吨的14%，落实的结果只有811.05吨，只占年计划的28%左右。茶叶流通体制改革后红、绿茶价格放开，也刺激了红、绿茶生产的大发展，导致黑茶产量急剧下降。

由于销售过分依赖计划调拨市场，因此产品积压十分严重。1988－1993年期间销区积压的库存产品每年平均有1,500－2,000吨。据1993年8月6日摸底，仅新疆市场库存产品就达1,050吨。1990年和1991年年末，茶厂库存茶叶分别为4,948.89吨和5,646.65吨，创历史年末库存最高纪录。虽然有民族政策的支持和对外开放的促进效应，国家也对企业实行补贴、包销，但由于市场萎缩，产品积压，企业亏损严重，银行停止贷款，茶厂只能基本维持生产，处于"等、靠、要"的半饥饿状态，举步维艰。

为刺激黑茶生产，确保边销茶的供给，1988－1989年连续两年国家计划物价局进行了边销茶调拨价格调整。1995年和1997年又分别做了两次调拨价格调整。1988－2001年，白沙溪全厂累计销售各类茶产品25,756.1吨，其中计划调拨23,044.12吨，约占总销售量的89.47%，外销出口1,869.23吨，约占总销售量7.26%，计划外销售842.72吨，约占总销售量的3.27%。由此可见，白沙溪茶厂紧压茶产品的主要市场仍然是计划调拨，但调拨价格调整依旧没有使企业走出困境。

　　技改滞后、工业化进程缓慢也是黑茶生产陷入低谷的重要原因。白沙溪茶厂是在旧式茶坊基础上因陋就简建设而成，存在底子薄、基础差、地域局限等先天不足，由于原始积累严重不够，一直到2003年都是一个基础十分薄弱的茶企。上级主管部门拿不出钱来搞改造，茶厂生产效率低下。边销茶厂本属微利企业，加上10余年的经济不景气，自筹资金相当困难，技改资金严重短缺，不可能制定战略性的中长期技术改造规划，只能抱残守缺，进行一些经常性的小改小革、修修补补。茶厂技术骨干流失过多，技术力量十分薄弱，技改缺乏主观能动性。由于技改工作滞后，机械设备运转不正常，故障频出，影响了生产的正常进行。1994年，由于技术人员流失过多，设备维修工作未到位，生产期间设备运转很不正常，平均每天占用2个小时进行维修，浪费了大量的劳动力，当年生产跌入历史最低谷。1995年，全年生产近9个月时间，仅完成产量950吨，月均约105.6吨，只占月正常生产计划的40%，设备运转力不足75%。

　　尽管安化黑茶产业在这一时期历经磨难，但安化县各级党委政府

《安化县茶叶志》及其主编廖奇伟

和广大茶人仍然作出了不懈的努力，处于低潮时期的安化茶产业仍然不乏亮点。1990年，由安化县农业局组织编印了《安化县茶叶志》，为我国县级编写专门茶叶志之先例。1997年，白沙溪茶厂恢复生产千两花卷茶。2001年，中国台湾茶文化学者曾至贤花费10年心血写成《方圆之缘——深探紧压茶世界》一书出版，该书虽然是关于普洱茶的专著，开篇却是"从世界茶王安化千两茶说起"，盛赞安化千两茶是"茶文化的经典，茶叶历史的浓缩，茶中的极品"。2005年春，银币茶创立者夏求喜因在安化茶产业处于历史低谷时期，带领烟溪镇及渠江一带茶农，建好了2,000亩茶园，创出了品牌产品，富了一方百姓，被评为"全国劳动模范"。陕西一家茶叶公司盘库时清理出两篓湖南安化第二茶厂（白沙溪茶厂）1953年生产的安化天尖茶，被资深茶人陈楚平收藏，2005年2月14日中央电视台《鉴宝》栏目对这一藏品进行权威鉴定，专家鉴定评估价值为每篓（50公斤）48万元。在后来的长沙世界茶叶大会上，该藏品每篓卖价高达200万元。这些都为后来安化黑茶产业的腾飞埋下了伏笔。

2005年中央电视台《鉴宝》栏目展出藏品"1953年黑茶天尖"（50公斤），现场专家估价每篓48万元

安化黑茶一品千年。明朝时被定为官茶，远销西北，经过20世纪跌宕起伏的变革，安化黑茶陷入低谷。自2007年起，安化黑茶产业迎来快速发展的黄金期。2022年，安化县茶园面积发展到36万亩，茶叶加工量8.6万吨，综合产值238亿元，年纳税1.5亿元，为全省唯一茶产业税收过亿元的县。安化黑茶成为规模体量大、综合效益好、带动能力强、从业人员多的强县富民主导产业和千亿湘茶的重要支撑，创造了中国茶界的"安化奇迹"。

# 第八章
# 发展战略引领

　　安化素有"茶乡"的美誉。进入20世纪90年代国家经济体制全面改革时期，安化茶产业没有跟上改革节拍，"社社有茶场，队队有茶园"的模式被彻底打破，大量茶场被解散，茶农甚至毁茶还林，茶园面积迅速下滑。据统计，近20多年，安化茶园面积锐减60%以上。同时，安化县茶叶加工实体发育不全，产、供、销脱节，在市场经济大博弈中败下阵来。截至2005年，安化茶产业年产值不到4,000万元，税收只有38万元，仅有的几家茶厂也是萎靡不振。如何实现安化黑茶的快速崛起，是茶乡人的梦想。为此，省、市、县三级党委、政府把安化黑茶的盛世复兴作为产业发展战略，共同演绎了一场"黑茶大业"。

# 第一节
# 省委、省政府的政策扶持

湖南省委、省政府认真贯彻中央一号文件关于发展特色农业的相关精神，把安化黑茶作为对接国家"一带一路"建设、实施"创新引领，开放崛起"战略的重要产业来谋划，作为脱贫攻坚、精准扶贫的重要产业来扶持，作为实施乡村振兴战略、做大做强区域经济的重要产业来发展。省委、省政府领导通过到安化实地考察调研，出台关于扶持安化黑茶产业发展的一系列政策，为促进安化黑茶产业持续健康发展起到了积极的政策支撑作用。

**省委、省政府产业政策扶持。** 2017年2月5日，中央一号文件《关于深入推进农业供给侧结构性改革 加快培育农业农村发展新动能的若干意见》由新华社发布，这是新世纪以来连续聚焦"三农"工作的第14个中央一号文件。2017年中央一号文件中提出："做大做强优势特色产业。实施优势特色农业提质增效行动计划，促进杂粮杂豆、蔬菜瓜果、茶叶蚕桑、花卉苗木、食用菌、中药材和特色养殖等产业提档升级，把地方土特产和小品种做成带动农民增收的大产业。"这是新世纪以来，中央一号文件中首次明确提到茶叶，其价值不可估量，说明中央在"三农"工作中对茶产业等特色农业给予了充分的重视和关注。

茶叶是我省的传统优势产业，也是农村经济的一大支柱产业。加快茶叶产业发展是优化农业农村经济结构的需要，也是改善生态环境、促进农业可持续发展的需要。各级政府和有关部门紧紧抓住机遇，抓好"十五"期间全省茶叶产业的调整与发展。早在2001年12月，湖南省人民政府向全省下发了《关于加快茶叶产业发展的意见》（湘政发〔2001〕30号），并明确我省茶叶产业发展的思路是：以优化品质与提高经济效益为中心，实现茶叶产业由注重产量向注重质量和效益转变，由注重生产向注重生产、加工、销售各个环节转变，由以公有制为主向多种经济成分并存的经营体制转变。重点抓好茶园布局和茶类结构两大调整，茶园、茶厂和加工贮藏技术三项改造，管理体制、市场体系、质量监测体系和良种繁育体系四项建设。其目的就是加快推进质量兴茶、科技兴茶，进一步统一认识，明确全省发展茶叶产业的思路与目标。这对安化茶叶产业的快速发展起到了十分重要的指导作用。

2008年10月，为做大做强湖南安化黑茶产业，打造安化黑茶品

湘府阅〔2008〕77号

**关于扶持益阳黑茶产业发展有关
问题的会议纪要**

（二〇〇八年十月二十九日）

10月15日，徐明华副省长主持召开会议，专题研究扶持益阳黑茶产业发展有关问题。省人大常委会副主任慕立峰，省政府副秘书长陈吉芳，省发改委、省财政厅、省农业厅、省供销社、省移民局、省扶贫办、省农发行和益阳市委、益阳市人大、益阳市人民政府、安化县委、安化县人民政府以及省茶业协会、省茶业三利进出口有限公司等单位的负责人参加了会议。会议听取了益阳市人民政府等单位关于黑茶产业发展情况的汇报。

会议认为，益阳黑茶历史悠久、文化底蕴深厚，是我省独有的特色资源，省委、省人民政府高度重视黑茶产业的发展，主要领导深入黑茶产区进行调研，历届益阳市委、市人民政府做了大量工作，使黑茶产业得到了较快的发展。随着黑茶知名度的日益提高，黑茶的消费群体将不断扩大，需求量将不断增长，市场潜力很大。因此要抓住机遇，大力扶持和发展益阳黑茶产业，把益阳打造成我国黑茶产业中心。

湘府阅〔2008〕77号会议纪要

湘府阅〔2010〕36号

**关于扶持安化黑茶出口及外销
有关问题的会议纪要**

（二〇一〇年五月四日）

4月20日，副省长甘霖在安化县主持召开会议，专题研究安化黑茶出口及外销的有关问题。省政府副秘书长王光明，省政府办公厅副巡视员柳方平和省财政厅、省农业厅、省商务厅、湖南出入境检验检疫局、省茶业协会以及益阳市委、市政府和安化县委、县政府等单位负责人参加了会议。会议听取了安化县政府等单位关于黑茶产业发展情况的汇报。

会议研究议定了以下事项：

一、要进一步理清安化黑茶产业发展思路。

安化黑茶不但历史文化底蕴深厚，而且具有其他茶所不具备的独特优势。目前黑茶产业迎来了新的发展机遇，一方面国家不再将安化黑茶定为边销茶，全面放开了市场；另一方面，随着人民群众生活水平的提高，饮食结构发生了相应变化，黑茶以其独特的养生保健功效，越来越受到广大消费者的青睐，有着广阔的市场前景。安化黑茶完全可以打造成为独具湖南特色、与

湘府阅〔2010〕36号会议纪要

2011年3月，徐明华副省长（右三）考察调研安化茶产业

牌，湖南省副省长徐明华主持召开专题会议，研究加快发展安化黑茶产业问题，省政府印发了《关于扶持益阳黑茶产业发展有关问题的会议纪要》（湘府阅〔2008〕77号）。

2011年3月，徐明华副省长又率省农业厅、省供销社、省政府办公厅等负责人莅临安化标准化高产茶园创建示范基地及茶企调研视察。并结合湖南省人民政府出台的相关政策、黑茶产业的发展形势和品牌发展目标，要求安化县委、县政府夯实茶企根基，自主创新，积极推动三农产业的发展。这些为安化黑茶产业的发展创造了有利的政策条件。

2010年4月，湖南省副省长甘霖在安化主持召开会议，研究安化黑茶产业发展工作。省政府办公厅、省财政厅、省农业厅、省商务厅、湖南出入境检验检疫局、省体育局、省茶业协会，益阳市委、市政府，安化县委、县政府等相关负责人参加了会议。

　　会议听取了安化县人民政府等单位关于黑茶产业发展情况的汇报。甘霖副省长指出：近年来，安化县立足资源禀赋和历史基础，安化黑茶产业取得了长足发展，产业规模基本形成，品牌建设初见成效，茶文化建设方兴未艾，较大地提高了安化黑茶在国内外的知名度和影响力，有力地带动了安化茶产业和文化旅游的健康发展，"安化黑茶"已成为湖南省茶产业发展新的亮点，省人民政府对此予以充分肯定。但安化黑茶总体规模偏小；龙头企业偏少；品牌多而散，没有形成真正意义上的大品牌，没有树立安化黑茶对外的整体形象；产业链不完整。这些问题如果不及时有效解决，将会制约安化黑茶产业的后续发展。下一步，省人民政府各相关部门要在项目、资金、技术等方面对安化黑茶的发展予以全力支持。她强调，要强化措施，打造"安化黑茶"整体品牌。今后湖南省在黑茶产业方面，对内对外统一打"安化黑茶"这个整体品牌。并明确省、市、县各级各相关部门，要立足于资源整合，形成合力。省商务厅、省农业厅等相关部门要整合资金扶持安化黑茶产业发展，省财政厅要协调并抓好落实。资金主要用于"安化黑茶"品牌打造，市场营销网络建设，安化黑茶博物馆建设，发展标准茶园基地、种苗基地，扶持龙头企业做大做强，完善安化黑茶标准体系等方面。省商务厅要加大对安化黑茶出口的扶持力度，要创造条件向国家商务部申请在安化县建设一个国家出口商品基地，力争得到国家资金扶持项目，提高安化黑茶出口及对外贸易能力。湖南出入境检验检疫局要加大对安化黑茶生产企业的生产、加工、出口贸易的技术指导，使安化黑茶产品顺利安全进入国际市场。

　　同时，会议研究议定了相关意见，并以省政府名义出台了《关于扶持安化黑茶出口及外销有关问题的会议纪要》（湘府阅〔2010〕36

号）。这次会议认真研究了安化茶产业发展各项政策，积极为安化茶产业发展搭建投融资平台，实现安化茶产业与上级产业政策的对接，多渠道多途径筹集资金。并着眼长远，进一步保护好生态环境，不断提升安化黑茶品质，对全力促进安化黑茶产业持续健康发展起到了积极的推动作用。

2013年7月，为进一步提升全省茶叶产业综合竞争力，充分发挥茶叶产业在现代农业和富民强省建设中的积极作用，省政府出台了《关于全面推进茶叶产业提质升级的意见》（湘政发〔2013〕26号），以市场为导向，以品牌为引领，以企业为主体，以科技为支撑，以增加农民收入为核心，以提升质量效益为目标，大力实施品牌战略，做大做强湘茶产业。近年来，安化黑茶产业迅速发展，已经成为促进安化经济增长、带动农民增收的支柱产业。但随着安化茶产业

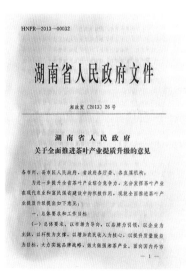

湘政发〔2013〕26号文件

湘政办发〔2014〕6号文件

全面进入深度调整期，原料供需在局部地区出现结构性失衡，作坊式小企业急需规范，市场秩序在局部地区存在混乱的现象，进一步提质增效也成为安化茶产业发展的迫切需求和重要方向，省政府出台的文件对促进安化黑茶产业提质增效有着纲领性和指导性意义。

随着社会经济发展，人民生活水平提高，茶叶保健功能开发和茶文化发展，国际国内市场对茶叶的需求明显增长，湖南茶叶产业面临新的重大发展机遇。为进一步提升我省茶叶产业的综合竞争力，将茶叶产业做大做强，根据《全国优势农产品区域布局规划（2008－2015年）》《湖南省"十二五"农业发展规划》和《关于全面推进茶叶产业提质升级的意见》（湘政发〔2013〕26号），2014年，湖南省人民政府办公厅编制了"关于印发《湖南省茶叶产业发展规划》的通知"（湘政办发〔2014〕6号）。《湖南省茶叶产业发展规划》中提出雪峰山脉优质黑茶带的规划，计划到2020年，建设100万亩黑茶标准化基地，黑茶加工能力达到20万吨，配套建设一个2万吨容量的黑茶储备库。这对安化发挥区域比较优势，科学统筹布局，形成规模化优势和区域化特色提供了产业规划指导，也正式拉开了湖南打造千亿元茶产业的序幕，使安化黑茶产业借助政策东风加速发展。

**省四大家领导调研指导。** 2007年5月，省委书记张春贤视察安化黑茶产业时提出,走茶马古道，品历史名茶，要做大做强做优湖南黑茶产业。是年8月，省长周强到安化考察时强调：要因地制宜，充分利用好、开发好安化黑茶优势资源，做大做强特色产业。2008年7月，副省长徐明华在国际农博会新闻发布会上要求：安化黑茶是湖南农产品的特色产业，要加大宣传力度，把安化黑茶做成湖南的大品牌。是年9月，省人大常委会副主任蔡力峰在安化考察时指出：要坚持质量兴茶、科技兴茶、特色兴茶战略，做大做强益阳黑茶产业。

　　2017年7月，为配合开展《益阳市安化黑茶文化遗产保护条例》制定工作，省人大常委会原副主任蒋作斌带队，到安化县围绕安化黑茶产业发展进行了4天的专题调研。调研组走访了华莱、建玲、云

2007年5月，省委书记张春贤（右二）考察调研安化黑茶产业

2008年8月，省长周强（左二）到安化考察调研安化黑茶产业

上、求喜、天茶、卧龙源、茶乡花海、千秋界、八角、梅山文化生态园等茶叶生产、加工及茶文化企业，广泛听取了益阳市和安化县党委、人大、政府及相关部门、企业的意见和建议，形成了《安化黑茶产业发展调研报告》。调研报告从更高层次、更大视野、更远眼光谋

2017年4月，省委书记杜家毫（右三）到安化考察调研黑茶产业

2019年8月，湖南省政协主席
李微微（中）等调研安化云上茶业

2019年7月，湖南省委副书记
乌兰（左一）一行视察安化黑茶展位

划安化黑茶未来发展；加强顶层设计，明确目标定位；着力打造"百里茶廊""百万亩茶园""全域旅游康养休闲目的地"；坚守安化黑茶核心价值高地和精神道德高地，打造湖南永久名片；支持做大做强龙头企业，提升规模化集约化水平等方面给安化黑茶的未来发展把脉问诊，提出了许多好的对策和建议。为此，2017年，省委书记杜家毫对省人大常委会《安化黑茶产业发展调研报告》作出批示：要加强对安化黑茶的宣传力度，实施湘品兴湘战略。强调把安化黑茶作为强县富民的重要产业，大力支持安化特色经济产业县建设。

2020年9月，由省政协原副主席、省生产力学会会长武吉海带队，为了总结安化抓黑茶产业促脱贫攻坚和县域经济发展的成功经验，推动安化黑茶产业再上新台阶，夯实全省千亿茶叶产业，省生产力学会联合省政协经济科技委员会，组织部分省政协委员、生产力学会会员和专家学者赴安化黑茶产区和代表性企业，实地考察调研，并于2020年11月形成了《安化茶叶产业发展考察报告》。考察报告就强化黑茶全产业链的科技创新；继续整合资源，扶持龙头企业发展；进一步完善质量监管标准体系；助推开拓外销市场；促进产业融合发展等方面对安化茶叶产业"十四五"发展提出了建设性建议。

2021年10月，省长毛伟明到安化茶乡花海和中茶湖南安化第一茶厂调研，强调要做足做好"茶文化、茶产业、茶科技"文章，让"一片叶子"带动更多群众致富。茶叶产业作为湖南传统优势特色产业，以"潇湘茶、湖南红茶、安化黑茶、岳阳黄茶、桑植白茶"五大区域公用品牌为统领，形成了"三湘四水五彩茶香"竞相发展的格局。全省51个摘帽贫困县茶叶生产规模占全省的70%左右，茶叶主产县从事茶叶生产的农民收入占其人均可支配收入的1/3以上，茶产业已成为湖

2021年10月，省长毛伟明（右四）到中茶湖南安化第一茶厂调研黑茶产业

南农业农村经济的支柱产业、民生产业和富民产业，是农业绿色发展、三产融合、乡村振兴的重要载体和良好典范。

推进茶产业立法，有利于推进茶产业链、价值链、利益链协同发展，为进一步巩固脱贫攻坚成果、促进乡村全面振兴、满足人民对美好生活的向往提供坚强保障。放眼全国，茶产业竞争加剧，各主产省纷纷在促进茶产业可持续发展上着力，出台促进产业发展的法律法规。制定出台相关条例，有利于明确政府和部门职能、保障市场主体权利、规范市场经营行为，对于营造公平竞争营商环境、推动茶产业可持续健康发展、实现"内外双循环"新发展格局具有重要现实意义。2021年12月，毛伟明省长主持召开省政府专题会议研究省政府2022年立法计划，同意将《湖南省茶产业发展促进条例》纳入2022年地方性法规立法计划。2022年9月26日，经湖南省第十三届人民代表大会常务委员会第三十三次会议通过《湖南省茶产业发展促进条

2022年6月，省长毛伟明对《湖南档案资政参考》（第5期）
《中国茶界的"安化奇迹"是如何创造的》作出批示

例》，自2022年12月1日起施行。该条例开创了我省省级层面为单个产业立法的先河，将为安化黑茶产业的发展提供至关重要的法律保障。

2022年6月，省长毛伟明对《湖南档案资政参考》（第5期）《中国茶界的"安化奇迹"是如何创造的》给予充分肯定，并批示："安化黑茶历史悠久，享誉内外，是湖南千亿湘茶的重要支撑和富民强县的主导产业。省档案馆挖掘馆藏资料所形成的《中国茶界的"安化奇迹"是如何创造的》一文既从档案角度追溯安化黑茶形成的历史和过程，又很好地展示了安化黑茶的美好前景和发展意义，使人们在历史和现实中把握未来，在传承和发扬中不断创新，值得充分肯定。"

2023年2月1日至2日，省委书记张庆伟在益阳安化调研时强调：大力推动优势特色产业高质量发展，为全面推进乡村振兴作出更大贡献。2月1日，张庆伟书记来到白沙溪茶厂股份有限公司调研，详细了解黑茶生产加工、经营销售等情况，鼓励企业学习借鉴先进经验，提

2023 年 2 月 1 日，省委书记张庆伟在白沙溪茶厂股份有限公司调研

升黑茶品质，扩大品牌影响力，实现黑茶产业质的有效提升和量的合理增长。有关部门要加强行业引导，发挥黑茶龙头企业带动作用，加快产业转型升级，提升产业集聚效益。在安化黑茶国家现代农业产业园成果展示馆，张庆伟书记认真了解安化黑茶产业发展、产品创新等情况。他指出，要顺应消费升级趋势，更好发挥资源、科技、人才等优势，加快创新突破，丰富产品品类，深耕细分市场，拓宽销售渠道，满足多元化消费需求。在安化县茶乡花海生态文化体验园，张庆伟书记要求做好茶旅融合文章，建立更加稳定的利益联结机制，带动广大农民持续稳定增收，推动巩固拓展脱贫攻坚成果同乡村振兴有效衔接。

## 第二节
## 市委、市政府的战略定位

在省委、省政府的支持下，益阳市委、市政府突出战略定位，坚持把茶产业发展作为实施乡村振兴战略的重要抓手，作为助力湖南省打造千亿级茶产业集群发展的重要载体，作为实现富民强市目标的重要途径，大力发展以黑茶为主的茶产业。加大产业扶持力度，规划黑

2006年10月，在安化县委书记彭建忠（左一）陪同下，益阳市委书记蒋作斌（右二）、市委组织部部长贺修铭（左二）到安化进行黑茶产业专题调研

2007年益阳市茶业工作领导小组、益阳市茶业协会、益阳市茶叶局成立

茶发展的产业布局，进一步提升了安化黑茶的文化影响力、产业竞争力和科技支撑力。

**制定规划，确立产业定位。** 益阳是中国黑茶的著名产地，也是历史上有名的绿、红茶产地。茶叶产业方兴未艾，潜力巨大，前景光明。2007年3月，益阳市茶业协会成立。2007年4月，由常务副市长李稳石为组长的益阳市茶业工作领导小组成立，专题研究益阳特别是安化黑茶产业发展工作，对基地建设、企业整合、品牌保护、质量监管等方面进行制度设计。市委、市政府对2007年至2016年益阳茶产业尤其是黑茶产业的发展目标、重点以及各项保障措施进行了科学规划和明确指导。制定了《益阳茶叶十年发展规划（2007—2016）》，规划提出了产业发展目标，即在未来10年里投资24亿元，建50万亩生态茶园基地，年产茶叶10万吨，创造茶叶综合产值50亿元，帮助农民脱贫致富。明确提出安化要"打造世界黑茶中心，打造千亿黑茶产业"的奋斗目标。为贯彻落实市委、市政府关于益阳市茶叶产业发展的战略决策，促进益阳由茶叶资源大市向茶叶产业强市的跨越，使益阳茶产业又好又快地发展，在总结茶叶产业发展历史、现状的基础上，明确由分管农业的副市长牵头，市农业委员会、益阳市茶叶办负责制定一个黑茶产业发展的中长期发展规划。根据市委、市政府的指示，聘请了湖南省茶叶研究所和湖南省茶叶产业技术体系的专家团队，经过近一年的调查研究，分区、县座谈讨论征求意见并经有关专家审定，于2018年底正式推出了《益阳市茶叶产业发展总体规划（2018－2025－2035）》。本规划分为指导思想、发展目标、建设重点、效益分析、保障措施五个章节，并就规划依据、规划原则、近期目标、中期目标、长期目标、生态茶园、初精加工、质量安全、龙头培育、市场营销、品牌建设、茶旅融合、科技支撑、文化建设、人才建设、投资估算、效益分析、组织保障、政策保障、资金保障等方面进行了全方位的规划设计。这是益阳市茶叶产业发展重点专项规划之一，是益阳市茶业实施可持续发展战略的蓝图，也是安化由茶叶资源大县向茶业强县跨越的行动纲领。

**出台文件，推动产业发展。**安化黑茶历史悠久、加工工艺独特，近年来由于其独特的保健功效受到越来越多的消费群体的关注。"安化黑茶"地域公共品牌的价值得到了业内人士与广大消费者的认可，但建立在该地域公共品牌下的子品牌泛滥。这一方面造成了公共品牌的滥用，产品质量良莠不齐，另一方面也造成了消费者在选择购买时无所适从，严重影响了"安化黑茶"公共品牌的形象与信任度，容易使消费者对其失去信心，不利于安化黑茶业内子品牌的建设，对整个安化黑茶产业的发展造成不利影响。2008年益阳市政府办公室专门下发了《关于在全市统一打造"安化黑茶"品牌的通知》（益政办函〔2008〕40号），这对"安化黑茶"品牌建设起到了一定的指导推动作用。2018年，为加大政策支持，市委、市政府根据中央、省委相关文件精神，为进一步做优、做大、做强安化黑茶产业，充分发挥黑茶产业在现代农业发展中的积极作用，进一步推进安化黑茶产业持续、稳步、健康发展，益阳市相继出台了《关于深入推进现代农业"131千亿级产业"工程促进产业兴旺的意见》（益政发〔2018〕

益政办函〔2008〕40号文件

益政发〔2018〕18号文件

益办〔2018〕29号文件　　　　　益办〔2022〕1号文件

18号）和《关于推进安化黑茶产业持续健康发展的实施意见》（益办〔2018〕29号），把安化作为全市农业农村工作的重点、"131千亿级产业"工程的龙头，大力推进安化黑茶绿色化、优质化、特色化、品牌化，有效促进了安化黑茶产业健康发展。

**首创立法，为产业保驾护航。** 安化黑茶文化遗产保护条例的立法工作是益阳市人大和益阳市人民政府2017年为安化黑茶设立地方法律保护的重要工作。2017年3月，益阳市人大常委会党组书记、副主任徐云波来安化调研安化黑茶文化遗产保护立法工作，确定了在现代法治社会为安化黑茶立法的重大作用。益阳市人大和安化县人大围绕"立良法、促发展、保善治"的指导思想积极展开工作。2017年10月31日，益阳市第六届人民代表大会常务委员会第五次会议通过《益阳市安化黑茶文化遗产保护条例》。2017年11月30日，经湖南省第十二届人民代表大会常务委员会第三十三次会议批准，《益阳市安化黑茶文化遗产保护条例》这一地方性法规正式出台。这对安化黑茶历史文化的保护和弘扬起到积极作用。

2022年3月，中共益阳市委、市人民政府发布一号文件《关于努力在实施乡村振兴战略中走在前列 奋力实现新时代山乡巨变的意见》（益发〔2022〕1号），意见强调发展乡村产业走在前列，打造现代农业"131千亿级产业"工程升级版；持续深入实施"六大强农行动"，扎实推进以安化黑茶为重点的"五彩湘茶"国家产业集群项目建设；发挥节会活动平台作用，大力推介农产品品牌，组织企业参加中部农博会等各类展示展销活动；继续支持每两年开展一届安化黑茶文化节等节会活动。这为安化全面提升战略认知，把握工作重点，强化创新意识，扛牢使命担当，深入实施乡村振兴战略，奋力谱写新时代的"山乡巨变"指明了方向。

## 第三节
## 县委、县政府的战略定力

　　安化县委、县政府审时度势，举全域之力把安化黑茶产业作为富民强县的支柱产业来打造，是县域茶产业健康持续发展的关键。安化黑茶产业从常规农产品发展成为农业支柱产业，再做强到县域经济战车的龙头，其基本经验就是战略定位精准，发展定力始终不变。安化历届党政领导班子特别是主要领导，明确茶叶产业发展的思路和目标后，久久为功，坚持一届接着一届干，一张蓝图干到底，连续10多年锲而不舍推动县域茶产业健康可持续发展，使安化黑茶在湘茶方阵和全国茶界中异军突起，创造了"安化奇迹"。

　　**审时度势，重塑安化黑茶。**安化是著名的茶乡，自古以来以茶扬名天下。安化茶业曾在鼎盛时期，绿、红、黑三色茶名扬神州，安化成为我国农产品的重要出口之地。但在国家经济体制改革初中期，安化茶业一度陷入低谷。直到2005年普洱茶马帮进京，影响很大，普洱茶热销，收藏普洱茶成为一种风气，引起了安化决策层的重视。安化黑茶能否跟上时代的步伐把产业做起来？怎么做？包括安化县委、县政府主要领导和相关专家在内的人都有过深度的思考和不同的意见，在重点发展"红茶"或"绿茶"还是"黑茶"上反复权衡掂量，安化茶产业由此经历了一个从"红黑之争"和"绿黑之争"再到"择黑而创"的争论不断的决策历程。安化的红茶和绿茶原来也有一定的知名度，安化红茶曾获1915年巴拿马万国博览会金奖，在红茶市场上一度

2006年12月，安化县茶业协会成立暨第一次会员大会

有"无安化字号不买"的市场地位。安化绿茶（安化松针）曾作为中华人民共和国成立10周年的献礼茶而敬献给毛主席。南方普洱茶的兴起，让安化人"脑洞"大开，认识到茶叶走出安化，必须要出奇制胜。2005年正月初四（2月12日），在中央电视台《鉴宝》栏目中，一篓由安化生产并存放半个世纪的天尖黑茶，被专家鉴定为稀世珍宝，标出了48万元的天价。这看似是一篓老黑茶的价格鉴定，可安化的决策层看到的是一个产业兴起的前奏，和一个巨大商机的形成。经过深入调查研究，安化县委、县政府的决策者觉察到，进入21世纪，人们更加注重生命健康和生活品质，以茶为代表的绿色饮品消费市场悄然兴起，作为健康之饮的安化黑茶具有独有品质和魅力，于是，县委、县政府下定决心让传统安化黑茶浴火重生，凤凰涅槃。

**一张蓝图干到底，功成未必在我。** 2006年12月，县委成立了以县委书记为组长的茶产业茶文化开发领导小组及县茶业协会。安化县委、县政府于2007年5月出台《关于做大做强茶叶产业的意见》（安发〔2007〕1号），明确了茶叶产业发展的思路和目标，并确立了加快茶产业科学发展的方略，打造安化黑茶特色产业。2008年8月，县人民政府办公室印发了《〈中共安化县委安化县人民政府关于做大做强茶叶产业的意见〉实施细则》的通知（安政小发〔2008〕113号），对基地建设、企业建设、市场建设、品牌建设、茶文化建设等给出了具体规定和政策扶持办法。同年，县人民政府办公室印发《关于在全县统一打造"安化黑茶"品牌的通知》（安政办发〔2008〕93号），要求进一步完善茶产业标准体系，全面规范黑茶生产加工，促进茶企提质升级，切实加强安化黑茶品牌保护。2012年，

安发〔2007〕1号文件

安政办发〔2008〕113号文件

安化县人民政府办公室文件

安政办发〔2008〕93号

安化县人民政府办公室
关于在全县统一打造"安化黑茶"品牌的
通 知

各乡镇人民政府，县人民政府有关局办、直属机构，有关委直
管理单位：
　　为规范我县黑茶市场，统一打造"安化黑茶"品牌，促进
黑茶产业快速、健康、有序发展，经县人民政府同意，现就有
关事项通知如下：
　　一、统一思想认识
　　安化是黑茶的故乡。安化黑茶品质与风味独特，历史悠久，
在国内外有较高的知名度和美誉度，市场前景广阔。全县统一
打造"安化黑茶"品牌，有利于建立统一的黑茶生产标准体系，
保证黑茶质量；有利于规范黑茶市场，促进品牌保护；有利于
整合资源，发挥好经济和社会效益。品牌是名优产品的重要标

安政办发〔2008〕93号文件

中共安化县委文件

安发〔2016〕10号

★

中共安化县委
安化县人民政府
关于加快推进安化黑茶产业园建设、全面提升
现代农业发展水平的意见

各乡镇党委、政府，县直各单位：
　　现代农业产业园区是有效聚集土地、资金、科技、人才等
要素，加快发展现代农业的重要载体。为深入贯彻落实中央、
省、市农村工作会议精神，抢抓现代农业产业园区建设的大好
政策机遇，加速构建具有安化特色的现代农业产业体系，全面
提升我县现代农业发展水平，现就加快推进安化黑茶产业园建
设、全面提升现代农业发展水平建设提出如下意见：
　　一、指导思想
　　以增产、增收为核心，以市场为导向，以科技为支
撑，按照"政府搭台、多元投入、市场运作、产业兴园"的要

－ 1 －

安发〔2016〕10号文件

　　安化县第十六届人民代表大会第一次会议共收到10人以上代表联名提出的关于旅游、茶产业建设方面的议案5件。各代表团在审议政府工作报告时认为，发展旅游产业、茶产业是"3+2"发展战略的关键内容，是富民强县的重要措施，同时具有巨大的融合空间和发展潜力。2012年11月28日，县第十六届人民代表大会第一次会议通过《关于加快旅游产业发展推进茶旅一体化工作的决议》。以"黑茶+"的思路拓展融合空间、集聚发展潜力，实现新的突破。在此基础上，2012年完成了"十三五"茶叶产业发展专业规划编制工作，安化县茶叶产业发展规划的编制奠定了安化黑茶和茶叶产业发展的基础。2016年，出台了《关于加快推进安化黑茶产业园建设、全面提升现代农业发展水平的意见》。"十四五"是实现巩固拓展脱贫攻坚成果同乡村振兴有

安政办发〔2021〕46号文件

效衔接的关键期。安化县推出了助力茶企生产的"新政"，出台了《关于推进2020年茶叶生产提质增效的实施意见》《安化黑茶产业高质量发展行动方案（2020－2022年）》等文件。2021年，安化县人民政府出台了《安化县安化黑茶地理标志管理办法》（安政办发〔2021〕46号）。正是由于历届县委、县政府结合本地实际和经济社会发展的需要，以功成未必在我的格局，坚持一张蓝图干到底，一届接着一届干，一棒接着一棒跑，踏石留痕，久久为功，长期的坚守与发展，才成就了安化黑茶特色产业的崛起。

**转型升级，创新发展黑茶产业。**当前，安化茶产业正进入由全面提高质量效益和竞争力转向高质量发展的重要窗口期。站在新的起点，茶产业该如何在新征程中步履从容，实现跨越式发展，成了茶乡安化最值得思考的问题。2021年3月18日，安化县召开了以"新起点，再出发，坚定不移推进安化黑茶高质量发展"为主题的安化黑茶产业发展大会。大会汇聚了众多安化黑茶领域专家代表、黑茶领域领军人物代表、中国茶叶营销领域代表，一起深入对话，展开思维碰撞，共谋产业高质量发展大计。举办此类产业发展大会，在安化历史上尚属首次。为进一步扩大产业发展，安化县深度梳理了茶产业发展路径，分析了当前形势，明确了安化黑茶的新发展方向，拿出了强有力的政策来支持茶产业踏上新征程。2022年6月30日，安化县茶业协会会员大会在安化华天假日酒店召开。大会审议通过了《安化县茶业

2021年3月18日，安化黑茶产业发展大会召开。图为大会专家论坛现场

2022年6月30日上午，安化县茶业协会会员大会在安化华天假日酒店召开，大会选举产生了新一届协会理事会，蒋跃登当选为协会会长

2022年9月3日，安化黑茶产业新闻发布会在湖南国际会展中心举行，安化县委书记石录明在发布会上讲话

协会章程修正案》，审议解读了《安化黑茶品鉴实施方案（草案）》《关于制定"安化黑茶"毛茶实物标准样的通知（草案）》《关于编制、发布〈"安化黑茶"价格体系和指数分析〉的方案（草案）》等三项创新性工作方案，为茶产业立规矩、聚能量、穿铠甲，确保茶产业顺利转型升级。

2022年9月3日，乘着全省举办2022年第十四届湖南茶业博览会的"东风"，2022年安化黑茶产业新闻发布会在湖南国际会展中心举行。发布会上，安化县委书记石录明就安化黑茶产业产品赋能体系、湖南安化黑茶集团有限公司成立的背景、目标以及产业融合三个方面向外界做了深度分析。安化县委、县政府将坚持健全体系、优化制度组合，确保行业行稳致远；将坚持龙头引领、实行强强联合，助推企业做大做强。成立湖南安化黑茶集团有限公司，以国有企业起步，探索混合所有制发展路径和模式，实现引领性、规模性和资本经营的跨越；将坚持以茶为基、推进多产融合，实现产业转型升级。力争将安化打造成世界黑茶之都。

# 第九章

# 公用品牌打造

　　安化是茶的故乡。茶产业的高质量发展，离不开创建高质量的茶叶区域公用品牌。安化县委、县政府高度重视品牌建设，集中力量打造"安化黑茶"公共品牌，发挥品牌的核心影响力和辐射力。"安化黑茶"入选全国商标品牌建设优秀案例。同时，安化重点支持国家级龙头企业、省级龙头企业及省高新技术企业打造强势企业品牌，形成"公共品牌认知度全面提高，企业品牌实现落地消费"的品牌体系。走出了一条政府、行业、企业联动，持续打造安化黑茶区域公用品牌的成功路径，使安化黑茶在全国众多的区域公用品牌中脱颖而出，创造了茶产业区域公用品牌的安化模式。

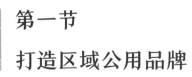

# 第一节
# 打造区域公用品牌

近年来，安化县通过依托"安化黑茶"产业品牌，积极打造以"茶为基础，旅为媒介，文为内涵，体为活力，康为延伸"的"茶旅文体康"特色产业体系，构建安化黑茶产业集群品牌战略，融入新发展格局，有效推动县域经济高质量发展。

**强力打造安化黑茶公用品牌。**围绕县域自然、人文和产业优势，培育形成安化黑茶、安化千两茶等一批品牌辨识度强的地理标志证明商标和特色品牌。经安化县人民政府授权，2007年3月7日，安化县茶业协会成功注册了"安化茶"集体商标；2009年2月7日，成功注

安化黑茶、安化千两茶商标注册证（证明商标）

2010年4月6日，国家质检总局批准对"安化黑茶"实施地理标志产品保护

2011年4月，中国工程院院士陈宗懋（中）和安化县人民政府副县长罗必胜（右）等在授牌仪式后合影

册了"安化黑茶""安化千两茶"两个证明商标；2010年7月21日，成功注册了"花卷""生尖""贡尖""天尖""花砖""黑砖"等6个保护性商标；2010年4月6日，国家质检总局①批准对"安化黑

---

① 即国家质量监督检验检疫总局。2018年3月，根据第十三届全国人民代表大会第一次会议批准的国务院机构改革方案，将国家质量监督检验检疫总局的职责整合，组建中华人民共和国国家市场监督管理总局。

茶"实施地理标志产品保护；2011年，"安化黑茶"证明商标被国家工商总局评为中国驰名商标；"安化黑茶"荣获"2011中国茶叶区域公用品牌最具带动力品牌"；2015年10月，国家质检总局正式批准安化县创建"全国安化黑茶产业知名品牌创建示范区"；2017年5月，安化黑茶获评"中国十大茶叶区域公用品牌"；2018年3月，通过湖南省人民政府批准确定安化县为第三批省级出口食品农产品质量安全示范区之一；2021年，"安化黑茶"被湖南省人民政府认定为湖南品牌农产品三大公用品牌之一，成为全省唯一进入"中欧100+100"地理标志产品互认互保名单的地标产品。

**提升安化黑茶公用品牌价值。** 为了给各地的茶叶品牌建设提供科学、客观、中立的专业参考，2010年起，浙江大学CARD农业品牌研究中心联合中国农业科学院茶叶研究所《中国茶叶》杂志、浙江大学

2015年国家质检总局正式批准安化县创建"全国安化黑茶产业知名品牌创建示范区"

2017年5月，安化黑茶获评"中国十大茶叶区域公用品牌"

茶叶研究所等权威机构，开展公益性课题——"中国茶叶区域公用品牌价值评估"专项研究。通过采用科学、系统、量化的方法，经过对品牌持有单位调查、消费者评价调查、专家意见咨询、海量数据分析，最后形成相关评估结果。从2012年开始，安化县委、县政府让安化黑茶主动参与中国茶叶区域公用品牌价值评估，安化黑茶品牌价值评估与时俱进。2012中国茶叶区域公用品牌价值评估结果：安化黑茶品牌价值8.37亿元，安化千两茶品牌价值3.91亿元；2013中国茶叶区域公用品牌价值评估结果：安化黑茶品牌价值10.78亿元，安化千两茶品牌价值6.83亿元；2014中国茶叶区域公用品牌价值评估结果：安化黑茶品牌价值13.58亿元，安化千两茶品牌价值8.65亿元；2018中国茶叶区域公用品牌价值评估结果：安化黑茶品牌价值27.74亿元，被评为2018年"最具品牌传播力的三大品牌"之一和"最具品牌发展力的三大品牌"之一；2019中国茶叶区域公用品牌价值评估结果：安化黑茶品牌价值32.99亿元，跃居品牌榜前10名；2020中国茶叶区域公用品牌价值评估结果：安化黑茶品牌价值37.13亿元；2021中国茶叶区域公用品牌价值评估结果：安化黑茶品牌价值41.32亿元；2022中国茶叶

2020年，阿里巴巴集团在山西省运城市举行了"2020阿里巴巴丰收购物节发布会"暨"中国农产品地域品牌价值授牌仪式"，"安化黑茶"获评"中国农产品地域品牌价值2020年标杆品牌"

区域公用品牌价值评估结果：安化黑茶品牌价值43.85亿元，被评为"最具品牌经营力的三大品牌"之一。

2020年，阿里巴巴集团在山西省运城市举行了"2020阿里巴巴丰收购物节发布会"暨"中国农产品地域品牌价值授牌仪式"，"安化黑茶"获评"中国农产品地域品牌价值2020年标杆品牌"。品牌价值评估高达639.90亿元，真正走出了一条安化特色的茶产业发展之路。

为此，安化县委、县政府利用电视、报刊及户外广告等形式，对安化黑茶进行多渠道、全方位宣传；定期举办安化黑茶文化节、博览会、品茶会等活动，扩大安化黑茶的影响力；以"安化黑茶"品牌形象组团参加国内上规模、有影响的茶事茶文化活动；加快"中国黑茶之乡"和"安化黑茶"中国驰名商标申报，以及老茶号、老茶行、老品牌的注册等，不断扩大"安化黑茶"公共品牌和企业品牌的影响力。

# 第二节
# 实施品牌强企战略

在黑茶产业发展过程中，安化把品牌强企战略列入全县茶业发展规划，制定优惠政策，大力培育壮大龙头企业，鼓励企业争创品牌，并加大企业品牌推广力度，不断提升企业品牌的影响力。实施品牌强企战略成就了安化黑茶产业的蝶变和崛起，为安化县域经济发展作出了积极贡献。

**制定规划和出台政策，推进茶企品牌建设。**安化县的品牌发展经历了茶叶整体品牌、黑茶品牌以及企业自身品牌等三个建设阶段。改革开放以来，安化县各级领导高度重视全县茶叶企业品牌建设。在安

2012年9月24日，安化黑茶国际评鉴委员会在益阳正式成立

171

化县制定的"十二五"至"十四五"五年计划中都坚定地把安化黑茶品牌强企战略作为一项重要的任务来研究和规划，并组织各种力量认真落实。同时，为了能够更加充分调动各界力量的主动性和积极性，不断推进茶叶企业品牌的建设，安化县政府研究出台了多项相关的配套优惠政策，这些政策主要涉及企业税收、土地使用以及市场准入等方面。同时，财政也对符合条件的茶企进行贴息贷款，在多个方面切实支持茶叶企业品牌建设。为了帮助企业加快自身品牌建设，实施"茶叶推荐品牌"机制。2014年，安化县政府成立了安化县茶叶品牌推荐委员会，这个茶叶推荐委员会的主要职能是：在安化县范围内，对所有企业的茶品进行考核评比，选出8家优秀茶叶企业向全社会推荐，并授予相关企业"安化县茶叶品牌推荐企业"称号，同时，对茶叶企业的生产、加工、销售以及企业管理等进行全方位的监督管理。通过茶叶推荐品牌效应，努力培育多家重信誉、保质量的茶叶企业品牌，使其成长为国家级和省级农业产业化龙头企业。

**扩大安化黑茶公用品牌带动力。**强化品牌培育和品牌塑造，打造茶叶龙头骨干企业。在强力打造区域公用品牌的过程中，着重培育了一批具有市场带动力的龙头企业集群，由政府输血转换成为龙头企业造血，从而形成良性互动。聚焦安化黑茶主导产业，健全完善茶叶质量生产控制标准体系，制定"国家地理标志保护产品安化黑茶"系列标准，实现从茶苗培育、栽培种植、生产加工、贮存运输到茶叶冲泡的全产业链标准覆盖。大力实施品牌战略，以高新技术产业和特色优势产业为重点，引导企业变制造为创造，变贴牌为创牌，着力培育拥有自主知识产权的知名品牌。通过打造区域公用品牌，借助区域公用品牌的力量把企业产品推向市场。

湖南华莱万隆黑茶产业园

　　湖南华莱生物科技有限公司不断整合资源，积极开拓市场，创新黑茶产业管理及营销模式，现已发展成为安化黑茶产业中的领军企业。公司先后被评为"农业产业化国家重点龙头企业""国家高新技术企业""中国驰名商标""全国'万企帮万村'精准扶贫行动先进民营企业""中国自主品牌十大创新企业""湖南茶叶助农增收十强企业""湖南茶叶千亿产业十强企业"。公司目前已实现年产销黑茶5.5万吨，累计上缴国家税收逾10亿元，累计捐赠公益资金6亿元，安置长期就业人员4,000余人，涉及土地流转的农民、茶农及茶叶生产相关人员9万多人，其中贫困农户2.32万人，为推动安化茶产业快速发展及落实国家"精准扶贫"工作作出了突出贡献。

　　2015年，"安化黑茶"公共品牌荣获百年世博中国名茶金奖。白沙溪牌千两茶、华莱健牌千两茶、益阳茶厂领头羊2015茯茶、国茯牌

1373茯茶、卧龙源烟溪功夫牌红茶荣获百年世博中国名茶金骆驼奖。这是继1915年安化红茶获得巴拿马博览会金奖、2010年安化黑茶获得上海世博十大名茶之后，安化黑茶再次走进国际视野。

到2017年，安化县茶业协会已授权109家企业使用安化黑茶公共品牌，确保了对公共品牌的有序管理。为了发挥安化黑茶在湖南县域经济特色产业和千亿湘茶项目的领跑作用，安化黑茶产业发展的远期目标是打造300亿产业，在份额上将占到千亿湘茶的近1/3，实现年税收10亿元以上，带动区域内40万人就业。将安化黑茶打造成湖南省在国内外叫得响的区域大品牌，强势带动武陵山片区及全省茶产业发展。

# 第三节
# 构建安化黑茶标准化体系

"安化黑茶的未来在于生产标准化"，循着中国茶学泰斗施兆鹏所指的方向，安化县委、县政府及相关职能部门联手骨干企业，针对"安化黑茶脏"的传统认知误区，开始全程全力推进产品标准化，建立环环相扣的一条龙品质保证体系。从田间的农药管理，到企业的生产工艺，以及流通领域的包装质量，制定出了一整套规范体系。并强力推动安化黑茶从企业标准上升为地方标准，再提升为国家标准。

**创建安化黑茶地方标准体系。**安化黑茶标准体系中，《安化黑茶通用技术要求》《安化黑茶 茯砖茶》《安化黑茶 花砖茶》《安化黑茶 黑砖茶》《安化黑茶 千两茶》《安化黑茶 湘尖茶》等6个标准由湖南省质量技术监督局作为湖南省地方标准发布，2010年8月10日开始实施；《安化黑茶栽培技术规范》《安化黑茶加工通用技术要求》《安化黑毛茶加工技术规程》《安化黑茶 黑毛茶》[①]《安化黑茶成品加工技术规程》《安化黑茶包装标识运输贮存技术规范》《安化黑茶冲泡及品饮方法》等7个标准由湖南省质量技术监督局作为湖南省地方标准发布，2011年12月30日开始实施。2021年，安化黑茶已完成茶叶栽培、天尖、千两茶、茯砖茶等13个湖南省地方性标准的建设。

---

① 2021年10月29日已废止。

为规范强劲上扬的安化黑茶生产，做实做牢产业基础，湖南省《安化黑茶贮存通则》《安化黑茶茶艺》《安化云台大叶种茶苗繁育技术规程》等3个地方标准发布，于2020年5月27日正式实施。此次发布的《安化黑茶茶艺》湖南省地方标准，为全国首个茶艺地方标准。同时，行业组织和茶企狠抓标准的贯彻执行，传承和创新传统加工工艺，着力推进清洁化、标准化、现代化生产，使安化黑茶产品质量有了大幅度的提高。

标准体系的建立，推进了安化坚持推动黑茶产业从小作坊向规模化转变、从产量型向质量型转变、从普通茶向名优茶转变。2018年，安化黑茶企业中有12家获得ISO9000认证证书，1家获得HACCP认证证书，10家获得食品安全管理体系认证，10个黑茶产品获绿色、有机认证。

安化黑茶国家标准

**构建安化黑茶国家标准体系。**为了通过标准化引领全国黑茶产业健康发展，2014年全国茶叶标准化技术委员会成立了黑茶工作组。5年来，黑茶工作组构建了新的黑茶国家标准体系，先后起草了《黑茶 第1部分：基本要求》《黑茶 第2部分：花卷茶》《黑茶 第3部分：湘尖茶》《黑茶 第4部分：六堡茶》《黑茶 第5部分：茯茶》等5个国家标准。至此，安化黑茶已先后参与组织制定了8项国家标准、17个地方标准，打造了安化黑茶种植、加工、生产、冲泡等涵盖第一、二、三产业的标准规范。2016年，安化黑茶系列三项标准由省级地方标准升级为国家标准，并由国家质检总局、国家标准化管理委员会正式发布，从2017年1月1日开始实施。至此，安化黑茶建立了标准化体系，"三尖""三砖""一花卷"都有了国家标准，"安化黑

农办规〔2019〕3号文件

茶"成为国内首个制定系列标准的国家地理标志保护农产品。产品加工有了工艺标准，产品质量有了检验标准，品牌优势凸显，为安化黑茶的发展注入了强劲动力。2019年12月，安化县现代农业产业园被农业农村部、财政部认定为第二批国家现代农业产业园。国家现代农业产业园的创建，推动了安化以行业标准化为先导的生产现代化进程。

安化县委、县政府高度重视"安化黑茶"标准体系建设，建立完善茶叶质量生产控制标准体系，严格安化黑茶市场生产、仓储、演绎各环节管控，实现安化黑茶产品质量安全可追溯，极大地提高了安化黑茶质量安全的"公信力"，从而形成了安化黑茶从茶园到茶杯的比较完整的标准体系。正是基于这些可量化、可比照的标准，安化黑茶品质在市场上一直有着较好的口碑，使安化黑茶在全国茶行业中异军突起。

# 第四节
# 开展打假护牌行动

　　随着"安化黑茶"品牌价值和品牌效应的提升，假冒伪劣接踵而来。对于"安化黑茶"品牌的保护，安化对内制定管理办法，规范"安化黑茶"证明商标的使用，对外加大打击假冒侵权案件的力度。把加强监管和打假护牌行动始终贯穿在安化黑茶产业的发展过程中，守信誉，保质量，确保安化黑茶行稳致远。

　　**创新监管机制，多措并举破难题。**安化始终将提升茶产品质量安

安化县茶叶生产质量管理工作会议

全、保护茶产业品牌作为重点和中心工作之一。在茶产业迅速发展的同时，安化茶产业监管也经历了要求企业从合法化生产到清洁化生产，再逐步转向标准化生产的历程。

对茶产业的监管，安化突出了四个重点。一是瞄准重点区域。以县城城区、小淹、江南、冷市、龙塘、田庄、马路、烟溪、仙溪等地为重点整治区域。二是抓住重点时段。每年从7月中下旬开始，到10月底集中开展专项整治大行动。三是检查重点环节。切实加强生产、加工、销售等三个重点环节的监管。2016年以来，安化县首先突破企业无证生产难点，在开展日常监督检查的同时，对核换发证企业进行现场指导，改善现场条件，完善申报资料，服务企业办证。同时安化精准施策，有序推进茶叶小作坊许可，以清洁化生产评价为抓手，创新茶叶生产清洁化评价机制。四是突出重点内容。严厉打击以非法营销模式进行非法集资、非法直销、变相传销等行为，无证照生产销售茶叶行为，掺杂使假、以次充好、以假充真、商标侵权、虚假广告宣传等违法违规行为。

**推进品牌保护，打假扶优促发展。**随着安化黑茶产业的迅猛发展和"安化黑茶"品牌价值和品牌效应的提升，大量县外投资者来安化县办茶厂，新办企业的生产规模和管理水平参差不齐，还有的企业未经许可就擅自使用"安化黑茶"商标加工和销售黑茶，严重损害了"安化黑茶"的品牌形象。安化县茶业协会也制定出台了《安化黑茶证明商标使用管理办法》《安化黑茶地理标志管理办法》，严格按照相关规定对"安化黑茶"地理标志的使用进行管理。同时成立了由相关职能部门及行业协会组成的安化县茶叶公共品牌商标授权使用评审委员会，共同指导"安化黑茶"地理标志证明商标的规范使用，逐步使产品做到"四个统一"，即统一包装样式，统一商标标识标注位置，统一"安化黑茶"字体，统一广告用语。要求企业授权经营做到"六把关"，即严把申请关、生产关、印制关、包装关、旧有包装处理关、宣传关。并规定授权经营企业在产品外包装上标注地标商标标识、地理标志专用标志、企业商标标识，做到标注"三位一体"，使"安化黑茶"的产品、包装得到了有序规范。

为切实维护"安化黑茶"商标注册人的合法权益，严厉打击损害消费者利益和扰乱市场秩序的违法行为，安化县积极争取对接；省工商局向全省工商、市场监管系统下发了《关于开展保护"安化黑茶"品牌专项行动的通知》，对全省开展"安化黑茶"品牌保护专项行动作出了具体部署。安化县成立了"安化黑茶"打假护牌专项整治行动领导小组，配套制定了《保护"安化黑茶"品牌专项行动执法适用法律法规操作指南》，并展开声势较大的保护"安化黑茶"品牌专项行动、商标侵权"溯源"、安化县知识产权执法"铁拳"行动和地理标志使用专项整治等多项专项行动。据了解，近几年来，安化县深入开展了保护"安化黑茶"品牌专项行动，先后办结侵犯"安化黑茶""白沙溪"等注册商标专用权案件29起，查封侵权布包装袋1,642个，查封侵权纸包装箱35,724个，收缴侵权商标标识44,000张、产品说明书2,500份，扣押侵权包装箱31,680个，销毁劣质黑茶1万公斤。其中查处张某制售假冒黑茶产品大案中，收缴假冒侵权标识及包装3,000余套，扣押26个品种38万元的黑茶产品，有效维护了黑茶市场竞争秩序，守住了"安化黑茶"产品质量的底线，有效维护了黑茶市场竞争秩序。

# 第十章

# 科研教育驱动

  为提高安化黑茶的科研含量，提升安化黑茶核心竞争力，安化善于把"筑巢引凤"和"筑巢育凤"结合起来。安化县人民政府聘请陈宗懋、刘仲华等7位茶叶界顶级专家担任黑茶产业发展首席顾问。2021年刘仲华唯一的院士工作站落户安化，目的是要以科技赋能来推动安化黑茶再次跨越升级，实现高质量发展。

# 第一节
# 科研团队是黑茶产业发展的强劲引擎

安化黑茶这匹茶界"黑马"奔腾而出，科技堪称"第一功臣"。在品质保健消费时代通行的今天，茶叶的保健养生功能也成为各大茶类、各地茶叶品牌的卖点。主打养生牌的安化黑茶，从科技创新入手，找到了突破口。

**潜心科研，揭示安化黑茶基因密码。** 20世纪80年代，在施兆鹏教授的带领下，科研团队开始研究黑茶品质形成的机理。进入新世纪，刘仲华教授带领他的科研团队，开始对黑茶进行品质化学研究。他们实地调研安化的茶山、茶厂，带着问题回到实验室潜心研究。他率领

刘仲华科研团队

冠突散囊菌（俗称"金花"）

团队从化学物质组学、细胞水平、分子水平、动物模型、人体临床等方面，研究清楚了黑茶加工中优势微生物"冠突散囊菌"（俗称"金花"）及其形态、主要物质变化规律与黑茶色、香、味品质风味形成机理，解开了黑茶品质风味形成机理与微生物作用机制的生物化学密码，奠定了现代黑茶加工理论基础。多年来，大量人体品饮实践和严谨的科学实验证明，安化黑茶能够有效调控和改善代谢综合征，对调节血脂、血糖、肥胖和调理肠胃等有显著效果。茯砖茶中的"金花"对人体健康的有益功效得以实证，学名叫"冠突散囊菌"的益生菌成为黑茶走俏市场的大卖点。

另外，还有3名教授、5名博士和10名硕士组成的科研团队成果丰硕，目前除拥有"金花菌快速分离方法""茯砖茶发花散茶制备工艺"等5项国家发明专利和承担"茯砖茶降糖功能成分及其产品开发研究""富金花散茶技术研究及产业化"等6项省级黑茶科研项目外，还在黑茶提取物、"金花"功能成分研究等方面取得阶段性成果。通过科学领域、产业领域多年的共同努力，已经形成了一支产学研联合的研究队伍，用科学的手段诠释和解读安化黑茶加工工艺，实现了黑茶诱导调控发花、散茶发花、砖面发花及品质快速醇化等技术突破。揭开黑茶"金花"的神秘面纱后，安化黑茶产业基本上实现了从种植到采摘、从研发到生产、从销售到喝茶、从喝茶到用茶，科技元素嵌入黑茶产业链的每一个环节，转化相关技术8—10项，农业科技进步贡献率达到75%以上，有效实现了科技成果和黑茶产业的深度融合和转化。

**论文专利，确立安化黑茶功能科学依据**。从2006年至2016年，陈宗懋院士、刘仲华团队围绕黑茶加工理论与技术，在国内外发表80多

刘仲华教授领衔的"黑茶提质增效关键技术创新与产业化应用"
项目，获得2016年度国家科学技术进步奖二等奖

2021年3月18日，刘仲华院士工作站授牌仪式，副省长隋忠诚（右）
授牌，刘仲华院士（中）和安化县县长肖义（左）接牌

篇学术论文，获得发明专利30多项、实用新型专利13项，并制定、修
订了6项国家标准和13项湖南省地方标准，为中国黑茶科技进步和产
业提质增效提供了有力支撑。特别是陈宗懋院士、刘仲华院士等专家

2021年3月18日，湖南省院士专家工作站刘仲华院士工作站
正式在安化挂牌成立

关于中国茶及黑茶功效的研究结果发表在世界顶级学术杂志英国《自
然》（*Nature*）周刊，黑茶对人类健康作用的研究成果得到国际学术
权威领域高度认可。2011年，刘仲华作为中国茶叶界最具权威的学者
之一，曾应邀在北京为国家领导人举办专场"茶叶与健康"高端讲
座。2016年，由刘仲华教授领衔的"黑茶提质增效关键技术创新与产
业化应用"项目获得国家科学技术进步奖二等奖。这是中国茶业界在
国家科技创新领域获得过的最高荣誉，也是安化黑茶技术的科学依
据。2016年，安化县茶产业申请专利260项，其中发明专利40项，有
力提升了安化黑茶全产业链的价值开发。安化黑茶产学研合作不断深
化，科技创新日新月异。2021年，刘仲华唯一的院士工作站在安化挂
牌，凝聚着刘仲华及其团队心血的《安化黑茶品质化学与健康密码》
一书出版发行，都将进一步加速安化黑茶科技创新步伐。

# 第二节
# 科技创新是黑茶产业发展的核心竞争力

　　安化生产、加工黑茶已有上千年的历史，不论是从科技的角度，还是文化的视角，安化黑茶都有很深的底蕴。随着社会的进步和发展，人们生活水平的不断提高，安化黑茶因其独特的健康功能被公认为21世纪健康之饮，走进了公众视野和寻常百姓家。能够实现安化黑茶新一轮腾飞，主要是依托科技创新，从品种资源、栽培技术、病虫防控、加工技术、深加工五个维度，全面提升整个安化黑茶生产端的

2012年6月10日，中华全国供销合作总社授予安化县"茶叶科技创新示范县"称号

科技含量，实现安化黑茶产业的高产、优质、安全、低耗、增值。

**以优化安化黑茶的品质基因为抓手，选育推广高产优质的茶树品种。**1965年，在福建福州召开的"全国茶树品种资源研究及利用学术讨论会"上，安化云台山大叶种被列为全国第一批21个群体名优茶种之一，在生产上予以推荐，并正式命名为"云台山大叶茶"，被写入大学教科书，被国家评定为八个大叶茶品种之一。1984年，在全国茶树良种审定委员会第二次全体会议上，安化云台山大叶种被认定为国家级良种。此后，"云台山大叶种"作为母本，成功选育出了湖南省乃至全国推广的优良茶树品种槠叶齐等。天然选择，自然杂交，稳产丰产均优于其他优良品种，云台山大叶种是制作高档茶叶饮品极为罕见的原料，被业界称为"黑茶的芯片"，享"湖南茶树之母"美誉。以安化云台山大叶种资源和安化群体种为基础，逐步优化现有茶园的品种结构，为安化黑茶品质升级提供优异基因。

安化云台山大叶种

安化云台山大叶种茶园基地

**以提供优质鲜叶原料为抓手，采用绿色、生态、有机、高效、低耗的栽培技术。**以绿色、生态、有机栽培理论与技术为依托，提高茶园精细化管理水平。有机肥、复合肥、绿肥相结合，基肥、追肥、叶面肥相结合，固态肥与液态肥相结合，通过肥水一体化，精准补充茶树生长发育所需水分、大量元素、中量元素及微量元素。一方面，确保茶树新梢的高持嫩性，把正常采摘标准下茶叶的含氟量控制在国家标准以下；另一方面，确保茶树鲜叶拥有丰富的内含物质及最佳组成配比，为黑茶加工品质升华提供良好的原料基础。

**以控制安化黑茶质量安全问题为抓手，采用绿色安全的病虫草害防控技术。**在茶园病虫草害防控方面，坚持推广应用绿色防控新技术。在保证对害虫诱杀效果的同时，最大限度地避免了对天敌昆虫的误杀；采用新型数字化色板，提高害虫诱捕比例，提高捕杀昆虫中的害/益比值；利用茶树昆虫性信息素控制茶园害虫，提高茶园害虫生物防治比例；筛选防治效果好、水溶性低、毒性低的化学新农药，作为

安化县绿色防控新技术应
用签约仪式　　　　安化县绿色防控示范茶园

茶园病虫草害防治的补充手段。

**以塑造一流的安化黑茶品质风味为抓手，创新先进独特的加工技术。**安化黑茶具有悠久的历史，茯砖茶、千两茶的传统制作技艺均被列入国家非物质文化遗产名录。安化黑茶加工技术创新，一方面，传承和弘扬传统加工工艺，把手工制茶工艺技术水平发挥到极致，培养一批年轻的传统手工制茶能手，让手工黑茶具有一定的规模；另一方

安化黑茶现代加工技术创新车间

安化黑茶GMP车间

面，在吸取传统黑茶加工技艺精髓的基础上，现代黑茶加工推行机械化、自动化、标准化、规模化，部分工序逐步实现智能化。同时，保障质量安全，提高生产效率，降低生产成本，提高产业经济效益。在安化黑茶产品创新方面，不断提高黑茶的香味品质水平，继续坚持朝着方便化、高档化、功能化、时尚化方向推进产品的多元化，让不同年龄、不同性别、不同消费水平及不同消费场景都有最合适的黑茶产品，为安化黑茶消费群体和消费空间的拓展提供产品保障。

**以跨界高效利用安化黑茶资源为抓手，依托精深加工技术。** 由于黑茶原料的均匀度、产品的整洁度、外形的美观度都无法与名优绿茶红茶媲美，加之各种紧压黑茶产品，存在携带不便、消费不便等问题，安化黑茶的消费市场拓展因此受到严重影响。然而，通过深加工，萃取浓缩黑茶精华，形成速溶黑茶系列产品，具有方便、高雅、时尚、健康、安全的时代特点，可以让安化黑茶更好地走进社会精英、年轻群体、职场白领、时尚群体的生活中，可以使安化黑茶在旅游场景、办公室、会议室、餐饮场所、商业综合体等流动场所中得到

久扬茶业标准化生产车间

消费饮用。同时，通过现代深加工技术提制的速溶黑茶系列产品，在提升口感风味、降低农药残留风险、控制有害微生物污染风险等方面有了可靠的保障。湖南农业大学茶叶深加工团队发明的中空颗粒速溶茶加工技术，成功解决了速溶黑茶的流动性、溶解性、抗潮性三大难题，为速溶黑茶走进大众消费突破了技术瓶颈。黑茶深加工终端产品的开发与产业化，拥有巨大的市场潜力。以黑茶提取物或黑茶功能成分为主要原料，或与药食同源植物萃取精华及其功能成分共同组配，以黑茶与健康的研究成果为基础，进一步开发黑茶功能食品、休闲食品、功能饮料、个人护理品、环保用品及动物营养产品等，把传统黑茶通过深加工终端产品开发跨界应用到大健康产业中，实现黑茶资源价值的高倍增长、消费应用领域的全面拓展，助推安化黑茶产业规模与效益同步提升。

# 第三节
# 教育培训是黑茶产业发展的人才支撑

整合教育、科技、农业、企业、社会等各方资源力量，搭建线上互联网学习交流平台、线下专业团队服务平台。通过实地教学、实战训练等强化课程，采取人才进企业、科研进企业、文化进校园等措施，建立了科研院校和企业人才互补的良好机制。重点培育了安化各茶企和黑茶学校本地专业技术人员，建立了一支涵盖评茶、制茶和育苗等方面的专业技术队伍，为安化黑茶长远发展提供了十分重要的人才战略支撑。

*新建成的安化黑茶学校*

**政府主导安化黑茶基础教育与技能培训。**2011年，依托安化县职业中专学校，安化黑茶学校正式创办，设置茶叶生产与加工、市场营销、茶艺、旅游（茶旅）服务与管理等专业。为了适应茶产业发展的更高要求和办成特色学校，黑茶学校整体搬迁到县城南区铁炉冲，学校培训规模1.2万人。黑茶学校大力开展技能培训，提高茶农技能、茶工技能、茶商技能。根据茶文化传承与传播、茶旅产业链延伸的要求，加大与校外机构的互动和交流，使师生的知识更接地气，更加实用，使黑茶学校办出了特色和影响。为了普及安化黑茶知识，根据国家义务教育阶段开设传统文化、乡土文化课程的规定，全县广泛开展黑茶知识进校园、进课堂活动。由县教育行政机关牵头，黑茶学校承担教材编写任务，已编写《了不起的安化黑茶》《走近安化茶文化》等读物，年发行10万册。并在《义务教育课程设置及课时安排》中明确规定每周讲授黑茶知识2—4个课时。让中小学生知晓黑茶基础知识，体验厚重的黑茶文化。同时，学校广泛开展了学生进茶园、进工

安化黑茶学校茶艺教学

厂、进文化传播中心的体验活动，邀请制茶大师、非物质文化遗产传承人和茶界能人走进学校、走上讲台授课。同时，在学校开展安化黑茶知识竞赛、安化黑茶杯体育运动竞赛、以安化黑茶为采访对象的小记者采访等形式多样的活动，提高了安化黑茶知识在学生中的普及率和巩固度。

政府很多职能部门掌握培训资源，尤以农业、移民、人社和扶贫等部门居多，这是迅速提升茶农、茶工、茶商技能的重要资源，但是长期的分割格局，培训没有形成特色，更不能支撑产业发展。为此，安化县政府采取了整合措施。一是统一培训大纲。统筹培训计划，包括统筹资金、培训对象、教学重点等，培训分为1—6个月不等，全程免费，由职能部门买单。二是统一教材。编写了《安化黑毛茶加工》《茶叶栽培技术》《茶叶机械使用与维护》《安化黑茶茶艺》《安化黑茶基础知识》等安化黑茶教本。三是统一培训机构。选定安化黑茶学校、县农广校等政府指定培训单位，培训机构必须对政府负责，对

安化县政府采取资源整合措施，提升茶农、茶工、茶商技能

委托方负责，对学员负责。委托方与受托方实行合同管理，同时对受托方实行评价机制和淘汰机制。四是注重现场教学。实行新型职业农民的"一点两线、全程分段"培训模式，根据茶叶生产的季节性和周期性的特点，分阶段安排教学，让学员更具动手实战能力。同时，大力推行"田间学校""车间学校"，把理论与操作统一。这种模式对技能培训很有效果，学员满意度高。这种整合部门资源的培训已成为产区人员技能提升的主要途径。从2014年开始，安化通过县农业局农广学校、县人社局技工学校、县移民局、县扶贫局、县商务局和县农机局等单位，每年培训1万多人次。党校、行政学校还在保证主体课程教育的前提下，外聘教师讲授茶业知识，或延长参训时间，对中青年骨干和村级班子成员进行茶业知识培训。

**发挥企业主体作用，开展精准教育。** 骨干企业创办专业教育机构，这是安化黑茶现代教育的又一个特色。目前已形成规模和常态的

安化县2011年第一期中级茶艺师培训汇报表演

2019—2020年，连续三届益阳市国家高级制茶师培训班在中国黑茶之乡安化举办，图为培训现场

有湖南黑茶商学院、华莱茶学院、白沙溪茶业培训中心等12处，规模以上企业和特色产品企业基本设置了培训部，主要针对各地经销商、茶叶爱好者、企业员工开展应知应会培训，每年培训5万人次以上。华莱茶学院拥有建筑面积1万平方米的培训大楼，是一所集茶道、花道、香道、中国传统茶文化培训传播于一体的综合型学院，成立至今，培训人数已超过3万人次。白沙溪茶业培训中心注重"车间学校"培训，让茶商、爱茶人士和政府委托培训的人员进入车间，学习茶叶加工、分级、茶质品评等茶技，体验企业文化。大部分企业以培训经销商和员工为主体，让学员比较充分地掌握安化黑茶从茶园到茶杯的基本知识，包括生态茶园的条件与标准执行，茶叶加工的规程、

规范与要领，核心技术原理与参数，泡茶艺术与文化等。大部分学员学成之后成为了企业发展的骨干力量、产品销售的精英、安化黑茶文化的推手。

**与大专院校、科研机构"联姻"，开展提质型教育。**安化与很多所大学和科研单位建立了以定点培养人才为主的合作关系。其中，涉茶的包括中南大学、湖南大学、湖南农大、湖南商学院、上海交大、浙江大学等。一方面从这些大学选招机械、茶学、商务、企业管理等专业人才充实公务员和事业单位队伍。另一方面，实行包括培养高级实用型人才的定向培养。一批企业还开展选择性的委托培训，如产品检测、自动化机械操作与程控、产品功能分析研究、电商与现代物流等。

开展产学研教育活动。湖南农大把安化黑茶学校定为师资培训基地，每年派送教师、研究生、博士生进行授课，组织学生实地研究。中国农业科学院茶叶研究所把芙蓉山、云台山、高马二溪重点产茶区

推行"田间学校"

安化第一茶厂开展"车间
学校"茶叶审评技能培训

聘请国务院发展研究中心公共管理与人力资源研究所
研究员李佐军博士专题讲授现代经济与现代产业、绿色经
济与安化黑茶课程

定为实习、试验基地，经常性地派学生现场学习与研究。中华全国供
销合作总社杭州茶叶研究院（中茶院）指导多家企业开展内部监测、
检验工作，培训企业自检人才。

实行老师聘请制度。先后聘请国务院发展研究中心公共管理与人
力资源研究所李佐军研究员专题讲授现代经济与现代产业、绿色经济
与安化黑茶课程，聘请湖南农业大学刘仲华教授讲授黑茶产业振兴的
要务，聘请北京师范大学、湖南大学旅游专家讲授茶旅融合等课程。
邀请了湖南农业大学肖力争、朱海燕、朱旗，湖南省茶叶研究所包小
村及浙江大学、中茶院、中茶所等很多教授、研究人员担任湖南黑茶
商学院、华莱茶学院、白沙溪茶业培训中心、安化黑茶学校等各类培
训机构的兼职老师，培养了一批批懂政策、善经营、有专长、会茶艺
的复合型人才，为安化黑茶产业健康发展奠定了人才基础。

# 第十一章

# 营销模式创新

　　从营销模式创新入手，安化黑茶创建了从单一边销向内销、外销、边销协同发展的市场营销格局，推进了安化黑茶的消费空间与消费群体的拓展，走出了一条新视野、新选择和新战略路子。近10年来，安化黑茶顺应大健康时代的要求，引领了席卷全国、蔓延世界的为健康而喝安化黑茶的热潮，形成了稳定的消费群体，具有强大的生命力，显示出广阔的市场前景。

# 第一节
# 承接边销茶传统市场

安化黑茶开创的历史，从某种意义上来说是边销茶的历史。边销茶是少数民族群众的传统生活必需品，是事关民族团结和边疆地区经济发展与社会稳定的民族贸易产品。在我国，湖南安化是边销茶的主产地，著名的安化黑茶就源于边销茶。中华人民共和国成立后，为了保证供应，稳定价格，由国家统一管理和调度边销茶。安化至今是指定的边销茶原料产地和定点供应新疆、青海、甘肃、宁夏等省、自治区的花砖、茯砖、黑砖生产基地。

**边销茶的历史溯源。** 少数民族地区独特的地理环境和饮食结构，使边疆牧民在千百年来，"宁可三日无粮，不可一日无茶"，"一日无茶则滞，三日无茶则病"。在我国六大茶类中，藏族、蒙古族和维吾尔族等少数民族在世世代代的生活实践中选择了黑茶，黑茶成为他们日不可缺的生活必需品。因而，安化黑茶从它诞生之日起，除少量进贡皇宫外，主要是用于边销，供应新疆、青海、甘肃、宁夏、内蒙古等地区。安化边销茶生产历史悠久，历经唐、宋、元、明、清5个朝代，持续了1,000余年。安化先有茶后有县。五代时期，安化黑茶便远销中原和西北。明代时期安化黑茶在被定为"官茶"前属于"商茶"，但因滋味浓厚醇和、量多质好价廉的优势受到边疆少数民族的青睐，被茶商大量越境私贩。明万历二十三年（1595），皇帝钦定安化黑茶为运销西北的"官茶"。同治十二年（1873）陕甘总督左宗

藏族、蒙古族和维吾尔族等少数民族在世世代代的生活实践中选择了黑茶，黑茶成为他们日不可缺的生活必需品

棠，戡定新疆，"以茶安民"，改引为票，减茶税，安化黑茶进入又一兴盛时期。县内遗存"安化茶马古道"、国际贸易黄金商道"万里茶道"起点，见证了安化茶叶对提高边疆少数民族生活质量和改善世界人民健康水平所作出的贡献，更是见证了明代以后商品经济的发展以及文化传播和交流。民国时期，由于军阀割据、战火不断、派捐派款等原因，一些茶号关门歇业，导致边销茶茶荒。到解放前夕，边销茶的生产销售日渐衰落。但安化边销茶曾作为国家偿还苏联贷款的物资，1940年，安化新制的黑砖茶112吨经衡阳运抵香港，交与苏联。1940－1943年，连续有黑青砖4,000吨由安化经川、陕、甘辗转运至新疆哈密，交与苏联。

**承担边销茶市场供应。**中华人民共和国成立以来，党和国家十分重视边销茶生产，边销茶又称为"政策茶""民族团结茶"。20世纪50－60年代，国家采取"有计划地保证边茶供应"的方针，实行"国家定价，定点生产，归口经营，计划调拨，保证供应"的政策。为此，国家接管了公私合营茶厂，安化各大茶厂成为全国边销茶定点厂家。

1950年成立中国茶叶公司安化砖茶厂，下设白沙溪分厂，迅速恢复传统边销茶加工制作和试制茯砖茶，并进行扩建和技术改造，提高加工能力，逐步形成年产2,000吨的规模。1952年，为了发展边销茶生产，中央民委指定安化等7县为边销茶原料产地。计划经济时期，安化黑茶的年产量近万吨，全部统购统销运往西北，占全国边销茶年销量的60%左右。1966—1973年，为了解决市场供求矛盾，采取"内外销统筹兼顾，同时安排"的方针。

改革开放以后，市场化程度提高，但边销茶仍保留计划管理。至20世纪70年代，湖南每年边销茶叶2万吨以上（其中2/3出自安化），占据全国边销茶产量的半壁江山。1984年，其他茶叶由二类农副产品改为三类农副产品，由国营企业独家经营改为彻底放开，但国务院规定：边销茶仍属二类农副产品，继续实行派购。1991年，国家民委①确定全国16个民族用品（边销茶）定点生产企业，其中安化白沙溪茶厂和安化县茶叶公司茶厂被定为边销茶定点生产企业。2002年后，《边销茶国家储备管理办法》出台，对边销茶原料和产成品实行储备管理，对代储单位给予信贷扶持，用于储备的贷款利息由中央财政负

---

① 中华人民共和国国家民族事务委员会的简称，是国务院主管民族事务的职能部门。中华人民共和国成立初期，建立了中央人民政府民族事务委员会，简称"中央民委"。1970年6月22日，中华人民共和国民族事务委员会被撤销。1978年，第五届全国人民代表大会第一次会议决定恢复国家民族事务委员会，简称"国家民委"。

2015年全国边销茶采购订货会签约仪式

担。同时国家允许非定点企业生产边销茶。2006年商务部、中央统战部、国家民委等八部委联合发布的《关于进一步加强边销茶产销管理的通知》（商运发〔2006〕272号），是现行的边销茶管理文件。至2019年，安化县有7家企业取得国家定点边销茶生产资质，这7家企业作为国家民委指定的边销茶原料产地和定点供应新疆、青海、甘肃、宁夏等省、自治区花砖、茯砖、黑砖的生产基地，每年储备任务2,750吨（5.5万担）。以上政策对于满足少数民族群众生产生活需要，促进少数民族地区的经济发展，增强民族团结以及维护边疆稳定，发挥了积极作用。

**拓展边销茶传统市场。** 2002年，国家放开了边销茶生产资格的权限，边销茶生产企业开始逐渐增多，边销茶的产量也不断提高。与此同时，边销茶市场放开以后，边疆市场上出现了更多的非定点企业生产的产品，使得各类产品鱼龙混杂，少数民族消费者对边销茶产品的认识不足，判断能力不够，以价格高低论产品，盲目购买一些质次价低的产品，加剧了市场销售乱象。

近年来，受宏观经济形势和产业自身结构性矛盾以及新冠肺炎疫情影响，市场需求增速放缓，整个茶产业发展承受较大压力，边销茶企业风险进一步加大。安化县委、县政府一方面争取政策支持，提振企业信心，积极对接国家民委、商务部等边销茶主管单位，争取了用于定点生产企业的代储贷款贴息、专项贷款贴息、低息流动资金贷款等政策，并由转移支付回归直补。界定"边销茶"概念，升级边销茶品质理念。做好价格指导，适当提高边销茶在销区的定购价格。另一方面引导企业加强品牌建设，加大市场拓展。近年来，中茶、白沙溪等7家取得国家定点边销茶生产资质的企业，在民族用品的生产、品牌培育和产品质量方面取得长足发展。特别是在消费体验方面，引导边疆地区少数民族群众更新消费观念和消费习惯，由以前"吃得起"变为"吃得放心"，有力保障了国家民族特需商品的供应能力和水平。

在当前疫情影响下，消费市场面临重新布局，安化县政府加强了主销区市场调研，主导召开西北七省经销商会议，主动对接销区，抢占市场份额，努力推进边销茶的产销衔接和供需平衡。安化7家定点生产企业进一步提高边销茶加工能力，完善边销茶标准体系，改进加

湖南省白沙溪茶厂生产的边销茶

安化相关茶厂积极配合省委、省政府和各级政府在青海、甘肃、宁夏、内蒙古、新疆和西藏等地开展"健康饮茶、送茶入户"等民生援边活动

工工艺，加强降氟技术研究，促进边销茶清洁化、标准化、自动化生产。同时开发新产品、新品类，匹配市场需求。大范围应用和推广电子商务、网上商城，扩大线上销售份额，发展新零售，提升商超、卖场、批发市场辅助功能。安化行业组织引领茶行业主动对位健康中国战略，在西北地区通过普及科学、健康、理性的饮茶知识，组织开展各种茶事节会活动，扩大社会认知，营造消费氛围，推广健康的茶生活方式。

白沙溪茶厂作为首批国家边销茶定点生产和储备企业，一直坚持保障着西北地区少数民族的生活用茶。近几年来，白沙溪茶厂主动在困境中寻求突破，适应市场环境，倡导低氟茶消费，更是积极响应国家"健康饮茶"政策，开发优质砖茶特供西北。目前积极配合省委、省政府和各级政府在青海、甘肃、宁夏、内蒙古、新疆和西藏等地开展"健康饮茶、送茶入户"等民生援边活动，将安化高品质黑茶送入西北地区千家万户。通过宣传引导，拓展了边销茶传统市场，赢得了西北地区更多边销茶市场份额。

# 第二节
# 引领国内茶叶消费市场

在新一轮技术革命和产业变革的推动下，随着互联网、云计算、人工智能等新技术的深度应用，安化黑茶以新的消费内容、新的消费方式和模式、新的消费结构和新的消费制度为内涵的新消费不断创新发展。相较于传统以产品为主的消费模式，安化黑茶新消费更加以消费者为中心，注重掌握、了解和预测用户的需求，继而系统性创造产品、场景来满足不同消费群体的真实需求和潜在需求。从寻常百姓家的普通消费产品，到社会各界热捧，安化黑茶的华丽转身在于营销模式的不断创新。

**科技支撑营销，用科学数据、科技成果传播安化黑茶的健康功能。**安化黑茶历史上长期是边销茶，是边疆人民的生活必需品。黑茶中的冠突散囊菌（俗称"金花"），是一种有益微生物。茶学专家施兆鹏、刘仲华率研究团队，一代代接力，从安化黑茶里面分离出了90多种微量代谢产物，这些代谢产物通过协同作用产生了比其他茶类更加优越的降脂降糖、调理肠胃以及控制体重方面的效果。通过科学研究，中国工程院院士刘仲华教授发布了《安化黑茶品质化学与健康密码》一书，从科学的角度诠释了安化黑茶的健康密码。刘仲华教授说，安化黑茶作为健康饮品，对人体有三个方面的积极作用。一是黑茶醇厚，能有效保护我们的肠胃；二是黑茶对促进人体的调节和代谢具有积极作用；三是常喝黑茶能增强人体的免疫力。刘仲华教授通过

中国工程院院士刘仲华教授发布了《安化黑茶品质化学与健康密码》

科普化的语言，并用一系列的科学数据证明了安化黑茶的健康功能，为黑茶从边销茶蜕变成热销的健康茶、时尚茶，找到了科学依据，也从科技维度推动黑茶创新，更推动了黑茶从单一的边销，转战内销。

近几年来，安化黑茶深加工产业发展来势强劲。娃哈哈集团进驻

安化黑茶产供销战略合作签约仪式

安化，开发了安化黑茶瓶装饮料，已经批量推向市场。润和茶业、盛唐黑金开发了听装黑茶功能饮料，主打抗辐射，具有去油腻、助消化等功能，让人们在享受美好生活的同时，降低亚健康风险。湘茶高科、怡清源研发了具有降脂减肥和降血糖功能的黑茶保健食品，且湘茶高科以此延伸开发了轻轻茶系列产品全面推向市场，形成了功能性黑茶饮品的市场冲击波。怡清源茶业还研发了具有润肠通便功能的黑茶保健食品，让人们在现代生活节奏下领略黑茶在调理肠胃方面的功效，并成为黑茶健康时尚消费的发展趋势。华莱生物投资兴建了以黑茶日化产品为主题的深加工工厂，黑茶牙膏、黑茶面膜、黑茶洗发水、黑茶沐浴露、黑茶精华霜、黑茶眼霜眼贴等20多款黑茶深加工产品，一投放市场就为全国各地消费者所青睐。此外，华莱生物还开发了黑茶曲奇饼干、黑茶糕点、黑茶口香糖等多款黑茶休闲食品，深受广大黑茶消费者和经营者欢迎。高马二溪茶业以黑茶为原料研发的杯装奶茶系列新式茶饮，成为年轻人追捧的健康时尚饮品。湖南省现代黑茶产业研究院以安化黑茶精深加工创新产品为基础，通过跨界协同创

娃哈哈集团进驻安化，开发了安化黑茶瓶装饮料

新，研发了易泡智慧茶饮机，这种茶器融合的消费方式，把传统与现代消费理念完美结合，将引领安化黑茶消费方式与营销方式的变革。人们从科学的角度认识到了黑茶的健康价值，从此刮起了湖南安化黑茶的"黑旋风"，使上千年历史的安化黑茶，从传统产业走向高科技产业，再走向大健康产业。它的产业规模越来越大，它的消费群体也越来越多。

**文化助力营销，用文化艺术演绎展示安化黑茶魅力。**深挖文化内涵，提升安化黑茶的市场美誉度，是安化黑茶异军突起的成功经验。2006年以来，安化强化茶文化的宣传策划，在省、市、县三级媒体上设专栏、辟专版，深度挖掘安化黑茶的历史文化和品质功效，解读安化黑茶的发展现状及前景，形成共识。成功举办湖南·安化黑茶文化节，借力重大节庆活动为黑茶造势。从2009年开始，已连续举办了五

第五届湖南·安化黑茶文化节开幕式，东京奥运会举重冠军谌利军（安化籍）举起千两茶

2021年6月22日，湖南艺术职业学院、安化县人民政府与谦益吉安化黑茶供应链"安化黑茶直播与视频基地"签约仪式在湖南艺术职业学院举行

届安化黑茶文化节。第五届湖南·安化黑茶文化节邀请了中国茶叶专家、院士、安化籍世界冠军、媒体及其他省内知名人士等1,400人参加。在开幕式上，安化籍羽毛球世界冠军唐九红说，曾经有人问她为什么安化有这么多世界冠军，她笑着回答说："因为我们是喝黑茶长大的，身体比一般人好。"其他4位安化籍羽毛球世界冠军都鼓掌赞成。本次以"安化黑茶 健康大业"为主题的安化黑茶文化节，活动内容丰富多彩、亮点纷呈，规模超过以往历届。持续4天的活动向外界充分展示了24小时健康茶生活、黑茶产业发展新路径、产城融合新面貌。安化黑茶借助节会这个平台，立足自身的自然禀赋与文化底蕴，以茶为媒，以茶会友，交流合作，互利共赢，推动了产业持续发力。

拓宽黑茶销售渠道，提升安化黑茶的市场认可度，是安化茶产业跨越式发展的新引擎。近几年来，安化100多家规模茶企各显神通，利用市场资源，创新营销模式，跨界融合营销，用消费场景的多元化促进营销多元化，开展新型营销行动，电子商务、网络直销、物流网、配送体系等多管齐下。通过线上线下联动、跨界融合拓展安化黑茶消费市场，打造了新的消费增长点。加强与天猫、京东等购物平台的合作，支持企业加大线上营销力度，建立线上公共品牌与企业品牌旗舰店的线上店铺矩阵，推进与唐艺团队以及拼多多、淘宝、抖音等平台合作，带动安化黑茶在全网的销售。

以安化黑茶标准店和企业品牌形象店建设为主线，全面布局线下营销网点，推进安化黑茶走进社会精英、职场白领和时尚群体中，并在旅游景区、办公室、会议室、餐饮场所和商业综合体等流动场所中实现消费饮用，使安化黑茶更加便捷地走进了国内消费者的生活。

展示传播黑茶文化，提升安化黑茶的市场知名度，是助推安化茶产业逆市增长的动力源。近几年来，受经济下行压力影响，安化部分

安化黑茶抖音电商直播基地

网红直播线上销售黑茶，提升安化茶旅影响，培育新的消费群体

何沐阳作词曲、徐千雅主唱的
安化黑茶主题曲《你来得正是时候》

《天下茶道》正式上演

茶企库存量增大、销售不畅。安化县委、县政府对此高度重视，主要领导多次走访茶企、茶农和茶商，深入市场调研，指导茶厂转型升级。全县茶旅企业克服经济下行、新冠疫情等不利因素影响，达到了茶旅营销新高度。安化作为中国黑茶之源、茶马古道和万里茶路源点，安化县委、县政府立足资源禀赋，着力挖掘传承千年的黑茶文化资源，加快推动"茶旅文体康"产业的深度融合发展。邀请知名作曲家、音乐制作人何沐阳创作安化黑茶主题曲《你来得正是时候》，传播安化黑茶文化。《天下茶道》的诞生和正式上演，则是发展黑茶产业，助推安化"茶旅文体康"一体化发展，向全世界展示黑茶、展示安化的文化载体和成果。同时，通过举办"安化与你四季有约——春季邀你来采茶"安化黑茶开园节活动、最美生态茶园评选活动，开发茶厂生产体验化旅游路线，组织茶旅企业参加中国国际茶叶博览会、湖南茶业博览会、湖南文化旅游产业博览会、湖南文旅产业投融资大会、西安丝绸之路国际旅游博览会等茶旅博览会，全面启动营销推广工作，推广茶文化，叠加内涵元素，推介安化黑茶公共品牌，使茶文化助推安化茶产业逆市增长，让茶农、茶厂和茶商对黑茶产业发展信心倍增。

# 第三节
# 拓展国际茶叶贸易市场

自明清至民国年间，安化一直都是畅销西北市场的黑茶产品的主要供应地。后经山西晋商通过万里茶道，越过蒙古到达俄罗斯的恰克图，而这一条路线正是我国黑茶早年出口西北亚的主要路线。黑茶现在属于国际市场新崛起的茶类，随着我国"一带一路"建设的深入实施，古丝绸之路沿线国家和地区以及欧美等发达国家的茶叶贸易市场空间十分巨大。

**响应"一带一路"倡议，构建茶叶国际贸易市场框架。**2015年3月28日，国家发展改革委、外交部和商务部联合发布《推动共建丝绸之路经济带和21世纪海上丝绸之路的愿景与行动》，标志着"一带一路"步入全面推进阶段。茶叶曾是传统"一带一路"上极为重要的商品，在中国对外经济、文化交流中有着极其重要的战略意义。实践证明，"一带一路"构想为我省茶产业开辟了全新的"蓝海"。安化积极响应中央"一带一路"倡议，研究制定框架规划，启动项目建设，期望借力"一带一路"加快安化黑茶产业转型升级步伐。

"万里茶道"是继丝绸之路后又一重要国际商道，始于17世纪，主要有福建的崇安、湖北的洋楼洞和湖南的安化三个起点，经中俄边境向俄罗斯境内延伸，传入中亚和欧洲其他国家，总长约1.3万公里。湖南安化是中国最古老的茶叶产区之一，也是"万里茶道"主要货源地和起始段之一。以安化黑茶为代表的湖南茶叶开展国际贸易久远，

2018年10月，安化县委、县政府以"开放、创新——迎接万里茶道的新时代"为主题，开展了一系列茶事活动

茶叶产销量大，对沿线地区人们的生活影响深远。为深入挖掘万里茶道文化底蕴，促进沿线城市文化、旅游、经贸等繁荣发展，2018年10月，安化县委、县政府以"开放、创新——迎接万里茶道的新时代"为主题，开展了一系列茶事活动，打造更加开放的舞台，在茶界的影响深入人心。同时，第六届中蒙俄万里茶道市长论坛在安化县举行，来自中国、蒙古、俄罗斯、白俄罗斯等国的万里茶道节点城市市长及专家学者等嘉宾180多人就践行"一带一路"倡议、推进万里茶道申遗等内容共商大计，成为"万里茶道"中蒙俄沿线城市进行国际交流的一个新平台，为构建国际茶叶贸易市场框架奠定了重要基础。

**加大茶文化传播力度，提升软实力推介安化黑茶。**从历史进程来看，"一带一路"是中国茶文化走向世界的主要渠道。在世界文化向东方传播的同时，中国的茶文化逐渐经由海陆两条丝绸之路传至世

2015年8月，中国数十家茶企共同在米兰世博会开展了以
"中国故事中国茶"为主题的中国茶文化周活动

界。2015年8月，中国数十家茶企共同在米兰世博会开展了以"中国
故事中国茶"为主题的中国茶文化周活动，以"互联网＋茶"的方式
惊艳世界。白沙溪黑茶代表安化茗茶出征米兰世博，获得"百年世博
中国名茶金骆驼奖"，唤醒了世界对中国黑茶的记忆，在欧洲市场掀
起一股中国黑茶健康风，也加快了安化黑茶开拓海外市场的步伐。
2020年8月，在香港会议展览中心举行了第四届香港国际茶展，吸引
包括海峡两岸和香港，以及印度、伊朗、日本、肯尼亚、韩国、南
非、斯里兰卡、泰国、越南等近300家来自12个国家和地区的参展
商。香港是连接北美洲与欧洲时差的桥梁，与东南亚经济体联系紧
密，又与世界各地建立了良好的商贸关系，安化黑茶在茶展高调亮

相，惊艳各参展商，同时，借助香港优越的贸易平台进一步开拓了国际市场。另外，借助各国际展会，各企业采取多种多样的形式大力推介安化黑茶，打响"安化黑茶"品牌。"千两茶王在安化，熟悉的号子喊起来"，在中国—东盟博览会以及中非地方农业产业博览会等国际博览会上，都能听到嘹亮的安化千两茶号子。安化组织黑茶企业组团参加国际性展会，展会期间举办安化黑茶专场推介会，有力推动了安化黑茶走出国门，走向世界。

打通黑茶出口关卡，拓展安化黑茶国际市场。在"一带一路"建设背景下，沿线国家或区域茶叶消费与贸易仍有很大提升空间。经过相关部门多年的申报和努力，2021年1月，黑茶成功获批中国海关出口HS编码，为安化黑茶拓展国际市场提供了身份证，打开了规模化出

安化黑茶出口已与世界上10多个国家和地区建立茶叶贸易关系

斯里兰卡驻华大使青睐安化黑茶

口的国门。白沙溪茶厂、安化茶厂等老字号茶企根据不同国家的饮茶习惯、口味和消费需求调整优化出口产品结构，打造适销对路的产品，做到市场需要什么，就生产销售什么。在保持黑茶传统风味的同时，接轨国际茶饮新潮流，开发方便携带、品饮的安化黑茶，出口蒙古国、俄罗斯以及中亚、欧盟等国家和地区的市场，引领黑茶消费的新潮流。目前，安化黑茶出口已与世界上10多个国家和地区建立茶叶贸易关系，其海外市场主要集中在消费能力较高的欧美国家以及传统黑茶贸易区的俄罗斯、中亚地区，少量销往华人较多的东南亚地区，近年来非洲国家市场也有所拓展，成为安化黑茶的一大新兴贸易区。

# 第十二章

# 黑茶赋能产业

4月11日，"中国黑茶之乡——安化县2017年黑茶开园仪式"在湖南安化县

安化把黑茶产业作为精准扶贫根本性的造血产业，作为带动百姓创业致富、稳定和促进就业的主导产业，作为乡村振兴的优势产业来抓。安化黑茶产业与精准扶贫实现了无缝对接，全县15万多贫困人口中有10万人因茶脱贫。安化依托黑茶产业由国家级贫困县华丽转身为中国茶叶税收第一县，创造了从贫困县到茶业百强县的成功逆袭，打造了产业脱贫的"安化模式"，走出了一条黑茶产业高质量发展的新路子。安化黑茶演绎了"一片叶子成就一个产业、富裕一方百姓"的传奇。

# 第一节
# 安化黑茶是脱贫攻坚的主导产业

安化位于湘中偏北，雪峰山脉中段，资水中游，总面积4,950平方公里，总人口103万，是国家扶贫开发工作重点县和武陵山片区扶贫攻坚试点县。近几年来，中共安化县委、县人民政府致力于"绿色崛起"，积极探索产业发展与精准扶贫的切合点，把黑茶产业作为安化实施精准扶贫的主导产业，广泛吸纳贫困农户进入产业链，使贫困人口真正参与发展进程、共享发展成果。

**变恶劣自然环境为优势资源禀赋，提振脱贫信心。**安化集山区、库区、穷区于一体，山多田少，资源匮乏，此区域多为6亿年前冰河

冰碛岩演化生成的富硒土壤适合茶树生长

2019年7月，《中国报业》杂志社与湖南安化县委、县政府共同主办"精准扶贫——中国黑茶之乡湖南安化采风行"专题调研活动

世纪的冰碛岩风化土壤层。区位条件、自然环境虽然无法改变，但安化地处北纬30°茶叶生产黄金纬度上，其境内峰峦叠嶂、溪流密布、常年云雾缭绕的原生态地理环境和雨量充沛、气候温和的自然条件，加上世界奇观——冰碛岩演化生成的富硒土壤，茶树生长环境得天独厚，造就了品质优良的安化茶叶。

俗话说，靠山吃山，靠水吃水。高山云雾出好茶，脱贫就要"靠茶吃茶"。安化贫困人口主要集中在高寒山区和生态保护较为完整的区域，而这个区域恰恰也是安化黑茶原料生产的主要区域。同时，黑毛茶的加工技术要求相对较低，适合在文化水平相对较低的落后地区推广开展。于是，安化县委、县政府组建工作班子，制定扶持政策，实施"3+2"发展战略，把黑茶培育成脱贫主导产业。把丰富的自然资源、良好的生态环境和深厚的文化底蕴，转化为发展优势，做强茶产

安化荣获2020湖南茶叶"十大精准脱贫先进县（市）"称号

业，推动安化在青山绿水中持续发展、绿色崛起。

黑茶产业承载着百万茶农的希望。安化县委、县政府把茶产业提升为县级战略这一举措，在产业扶贫中特别接地气，特别精准。据估算，每户茶农种植1亩茶园，每年能获得8,000余元的收入，除去3,000多元的生产成本，每亩效益达5,000元以上。高山茶、山头茶的效益更高，能达到每亩8,000元到15,000元的利润。一户农户建设1亩茶园就能基本实现脱贫，建设2亩茶园就能完全实现脱贫。通过发动贫困户种茶，安化县把劣势环境变成了优势资源，小茶叶挑起了脱贫大梁。黑茶产业的发展大大加快了精准扶贫、精准脱贫的步伐。高寒山区贫困人口种茶得到了实惠，观念发生了全新的变化。过去贫困人口认为自己既没能力又没有实力脱贫，抱着"等、靠、要"的思想让政府来帮扶。茶产业作为产业扶贫的主导产业后，贫困人口观念发生了根本性转变，脱贫靠种茶，致富靠销茶。过去有困难找政府，如今脱贫致富找市场，把茶叶产品转化为市场商品。高寒山区的人民依靠一方山水养活一方人家，脱贫要快就种好茶、做好茶、销好茶，贫困人口成为了茶叶市场的主要经营者，也激发提振了贫困人群开发种茶的热情和信心。

**强力推进茶叶基地和茶企建设，夯实稳定脱贫基础。** 安化依托当地资源禀赋和产业基础，全力打造"安化黑茶"特色产业。整合涉农项目资金，支持茶园建设。2007年到2015年，安化累计整合资金2.2亿元，对茶叶种苗基地、新基地建设及老茶园改造等给予补贴。扶持茶叶专业合作社、家庭茶场、茶庄园等新型农业经营主体，参与产业扶贫，实行林茶、药茶套种，茶园基地改扩建。基地建设快速推进，社会各界投资建设茶园基地的热情十分强劲。据验收统计，仅在2016年，全县新栽茶园3.2万亩、改造老茶园0.5万亩，茶园总面积达到31万亩，同时配套建设优质茶苗木繁育基地600亩。田庄乡、大福镇、马路镇、仙溪镇、烟溪镇、冷市镇、南金乡、乐安镇等乡镇的茶

2021年3月1日，湖南省白沙溪茶厂股份有限公司与安化县小淹镇胜利村成功签约茶园扶贫开发合作

安化县荣获"2011年度全国重点产茶县"
称号

园基地建设力度大、标准高，田庄乡高马二溪村、小淹镇百花村、江南镇高城村、南金乡将军村、渠江镇大安村等地的连片茶园都是由大户直接连片开发，面积超过5,000亩。由县茶业协会协助保险公司实施的茶叶种植保险，参保茶园面积达22万亩。截至2018年，安化县茶园面积达33万亩，创历史新高，实现茶叶加工量7.5万吨、综合产值152亿元，茶叶税收达3.2亿元，连续7年位居全国重点产茶县四强，黑茶产量连续11年全国第一。作为脱贫主导产业，黑茶产业又好又快发展，打赢脱贫攻坚战的底气更足也更强了。

推进企业生产标准化、清洁化。2018年安化茶叶行业固定资产投资达20亿元，比上年增长66.7%，大量资金投向茶叶企业标准化、清洁化生产线改造，茶企提质升级充满活力。经过多年的实践和完善，安化创造性地将《安化县茶叶生产清洁化评价方案》编制成《安化黑茶茶叶加工清洁化生产评价规范》申报湖南省地方标准，统一企业监管标准，进一步指导生产企业和周边"安化黑茶"生产地区将生产标准从清洁化向标准化迈进，充分掌握行业话语权，不断提高黑茶产品质量安全水平和品牌竞争力。目前，安化县内白沙溪、华莱等龙头企业纷纷投资建设了全自动清洁化生产线，其他中小企业严格按照清洁化评价规范要点开展生产，安化茶产品品质进一步提升。

**黑茶挑起脱贫攻坚大梁，打造精准扶贫中产业脱贫的"安化模式"。** 安化能顺利脱贫摘帽，其中一条重要的经验就是把安化黑茶作为脱贫攻坚的主导产业，安化黑茶挑起了脱贫攻坚的大梁。2018年安化地区生产总值233.5亿元，其中茶业产值贡献率为21%，茶叶税收3.2亿元，占全县税收总额的24%，从事茶产业及关联产业的人员达35万人，占全县常住人口的40%，年劳务收入38亿元以上。其中，建档立卡的贫困户中从事茶产业的有9.4万人，贫困人口年收入9亿元左右，全部实现脱贫摘帽，部分贫困农户实现了致富奔小康。安化黑茶产业已成为当地拓展就业的支柱、脱贫攻坚的支撑。

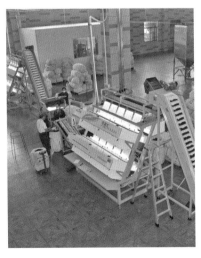
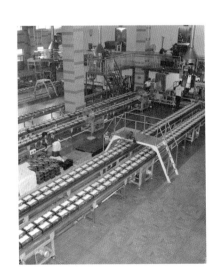

自动化黑茶生产线

　　实现产业扶贫无缝对接。近年来，安化县委、县政府通过产业扶贫变"输血式"为"造血式"。全县15万贫困人口中有10万人因茶脱贫，黑茶产业在安化决战决胜脱贫攻坚、全面建成小康社会的过程中，发挥了关键性的引领作用。茶产业成为安化县精准扶贫的重要支柱产业，实现了全产业链与精准扶贫的无缝对接。白沙溪、华莱、阿香茶果、云上、八角、湖南坡、安蓉、建埫、六步溪等茶企积极参与产业扶贫，全县产业扶贫项目中涉茶项目达90多个。2017年4月，安化县产业扶贫办与湖南华莱签署"重点产业扶贫项目委托扶贫备忘录"，为积极参与精准扶贫，湖南华莱成功建设"扶贫基地"，打造"扶贫车间"，建立"扶贫生产线"，为精准扶贫量身定做"富民茶"。公司安排长期就业人员3,500人，帮扶2万建档立卡贫困户脱贫致富。"安化黑茶模式"作为产业发展和精准扶贫的成功典范，获

全县15万贫困人口中有10万人因茶脱贫，图为茶农在工作

2017年4月12日，安化县产业扶贫办与湖南
华莱签署"重点产业扶贫项目委托扶贫备忘录"

得了央视、人民日报、湖南卫视、新华网等主流媒体的专题宣传推广报道。云南、贵州、广西、湖北以及省内茶叶主产区相关领导及企业负责人纷纷来安化考察学习。

创新构建扶贫帮扶体系。创新金融产品服务体系，组织建设银行、邮政银行分别开展"助保贷"和"互惠贷"等金融产品。2019年，安化全面实施金融产业扶贫试点，对符合条件的建档立卡贫困户实施小额信贷扶贫，共发放信贷资金3,300多万元，扶持1,900多户贫困农户发展茶产业。近3年来，累计投放银行资金近3亿元用于发展茶产业。构建科学技术帮扶体系，由政府牵线搭桥，科研院所与企业"联姻"，加强了技术指导和产品研发力度，与湖南农业大学共建"国家新农村研究院湖南省安化黑茶产业技术创新与推广中心"，共建产学研教学基地。积极争取政策帮扶，从2007年开始，成功争取特色农产品县，整合财政扶贫资金等项目资金，按照种苗基地2,000元/亩、

湖南华莱建设的茶叶扶贫基地

湖南华莱打造"扶贫车间"，建立"扶贫生产线"，为精准扶贫量身定做"富民茶"

新建基地1,000元/亩、老茶园改造500元/亩的标准，对茶农给予补贴，有力地促进了茶园基地建设。

培养贫困人员的自主创业能力。全面增强贫困人员自主创业能力，通过创办全国首家黑茶学校，实施了"五个一千"工程，即培训1,000名制茶师、1,000名质检员、1,000名茶艺师和1,000名营销经理，重点支持企业建设1,000个安化黑茶旗舰店，全面增强了贫困人口自主创业的能力，确保能就业、会经营、促发展。县人社、农业、移民、扶贫、茶业等部门针对建档立卡贫困农户，积极举办"雨露计划""阳光工程"等各类培训班，提高贫困农户的发展技能。近3年来，累计培训各类人员6,100多人次，促进了4,800多名贫困人口劳动力转移就业。

2017年2月23日，安化县人民政府与湖南城市学院签订了产学研用暨精准扶贫战略合作协议

2017年3月13日，湖南省安化黑茶工程研究中心在小淹镇举行茶苗发放仪式，向该镇贫困人口免费发放茶苗，助力小淹镇精准扶贫工作

安化县相关部门聘请农业种植专家现场授课，指导村民如何科学种植茶苗

# 第二节
# 安化黑茶是稳定就业的富民产业

近几年来，安化坚持"精准扶贫，产业先行"的发展理念，紧紧依托以安化黑茶为主导的特色产业，实现了经济发展与脱贫致富有机统一。2020年，全县茶叶加工量达8.5万吨，综合产值230亿元，税收1.5亿元，安化黑茶产业持续成为区域内规模最大、品牌最响、综合效益最高、带动能力最强、从业人员最多的富民主导产业。

**拓展茶产业就业空间，增加就业门道。**黑茶产业的发展有力地助推了贫困人口的就业脱贫。据统计，安化县茶产业及关联产业从业人员达到32万人，年劳务收入达35亿元以上。安化茶产业的蓬勃发展带动了种茶、制茶、评茶、茶艺、包装、旅游、文化、广告等产业的迅猛发展，更带动了大量农村劳动力从传统养殖业转移到茶叶种植、绿色包装、茶叶加工、茶馆茶楼、茶旅餐宿、现代物流、营销仓储等行业中来，实现了黑茶产业与精准扶贫无缝对接，许多农民从田间走向车间，从农民变成工人。可以说，黑茶产业已经成为安化贫困人口脱贫致富的重要支撑。安化黑茶产业快速发展的10年里，全县增收最快的是茶农，增效最快的是茶企，增长最快的是茶税。2016年，安化县实现茶叶加工量6.5万吨、综合产值125亿元，荣登全国十大生态产茶县榜首，连续5年位居全国重点产茶县前四强。2016年茶行业税收达2亿元，连续4年税收过亿元，成为全国茶叶税收第一县。安化黑茶产业对县域社会经济发展贡献巨大，就业贡献率达31%，对农民增收贡

茶农进行茶叶培管

茶农进行茶叶运输

茶农进行茶叶加工

献率达51.1%，对GDP、财税收入贡献率分别达到40%和25%。

**产业链衍生多次就业机会，增加增收渠道。**安化黑茶产业不仅是脱贫攻坚的主导产业，也是带动就业的重要支柱。安化茶园基地建设基本形成了"公司＋基地＋农户"的订单式农业。由各茶叶公司定点负责收购鲜叶，从根本上解决了茶农卖茶难的问题，茶农在茶园种植、培管上实现第一次就业。鲜叶的采摘、黑毛茶初制加工均由茶农主导完成，每天采摘鲜叶的工资70元到200元不等，黑毛茶的加工增值也

小茶叶带动了大就业，带动了大批茶商创业和关联产业发展

达6－8元/公斤，这类生产活动为茶农提供了大量第二次就业机会。同时，茶闲期间，茶农又可以到茶叶企业从事制茶、包装、拣梗、销售等工作，茶农实现第三次就业。连续3次就业基本保证了茶农全年就业。由此小茶叶带动了大就业，黑茶产业除了带动大量农民工返乡就业，还带动了大批茶商创业和关联产业就业，其中利用华莱公司搭建的电子商务和直销经营平台，4万茶商开启了创业生涯，大量农村劳动力从传统种植业转移到黑茶配套产业。截至2020年，湖南华莱年产销黑茶5.5万吨，安排长期稳定就业人员4,000余人，年工资总额逾1.5亿元；带动种植、加工、包装、物流、销售等相关产业间接就业9.67万人，其中贫困农户2.32万人，间接收入逾5亿元。同时还带动了产业链上的广告、印刷、餐饮、住宿、旅游、交通运输等关联产业快速发展，创造出大量就业机会，相关产业链就业人员已逾20万人。

## 第三节
## 安化黑茶是乡村振兴的朝阳产业

　　黑茶产业是安化乡村振兴的重点和贡献点，在各级政府的战略指导下，安化县充分利用资源禀赋优势，把黑茶作为强县富民的主导产业和千亿湘茶的重要支撑，推动了安化黑茶产业的高质量发展。安化黑茶将向着"一片小茶叶，托起安化乡村振兴的期盼"的方向不断努力。

　　**新思维走出乡村振兴新路径。**黑茶是安化的底蕴和符号，是集生态、富民、特色于一体的优势传统农业，也是安化现代农业的重要组成部分。把黑茶产业作为农业农村现代化领头雁，建设现代农业"131千亿级产业"工程升级版，扛起湘茶振兴大旗，更加突出彰显黑茶之韵、传承黑茶之道、铸造黑茶之质、推动融合发展，加快打造"茶旅文体康"千亿级产业，努力建设全省乃至全国茶产业发展新高

2020年9月8日，以"聚焦产业扶贫·助力乡村振兴"为主题，人民日报、新华社等全国主流媒体走进黑茶之乡安化采风调研活动启动

2021年7月26日，中国黑茶产业发展研讨访谈在安化举办。中国工程院院士刘仲华、中国茶叶流通协会荣誉会长陈勋儒、中国国际茶文化研究会常务副会长孙忠焕等专家学者，围绕"中国黑茶产业发展"等话题展开探讨，各抒己见，并就茶产业、茶文化、茶科技等三个方面，提出真知灼见，为中国黑茶产业发展助力乡村振兴赋能

地，让"世界只有中国有，中国只有湖南有，湖南只有安化有"的安化黑茶更有力推动乡村振兴。

安化创新多元化利益联结机制，着力提升农户在茶产业发展中的参与度，促进贫困群众持续稳定增收，巩固脱贫成果。与此同时，安化县委、县政府通过政策倾斜、项目支持、资金帮扶等举措，引导龙头企业和合作社建设产业基地，给农村"造血"。打造了"龙头企业＋合作社＋农户"的三"＋"模式（加深企业、合作社与农民三者之间的联系）、"龙头企业＋农户"模式（构建出企业与农民之间的利益关系）、"龙头企业＋村集体经济组织＋农户"模式（构建出企业与村集体经济组织、农户之间的利益关系）、"合作社＋农户"模式（使合作社与农户之间的联系得到保障）等一系列新的利益联结方式，这种推动生产力发展与提升农户经济利益的多种创新利益联结模式，有力地促进了茶产业的可持续发展。一套"组合拳"下来，既可为企业"蓄水"，又能让农户实现生产"得现金"、务工"挣薪金"、入股"分红金"、土地流转"获租金"增加收入，将企业与农户共同打造成建设乡村振兴的"主力军"。并进一步筑牢主导产业地位，将茶产业发展作为促进全县群众增收致富的根本途径，走出了一条乡村振兴的可持续发展道路。

**扩内涵赋能乡村振兴新动力。**乡村振兴，黑茶产业大有可为。乡村振兴，黑茶产业不可或缺。通过"扩基地、提品质、强品牌、拓市场"，把"小茶叶"做成"大产业"，把小茶园做成大景区。产业的覆盖面不断"越界""融合"延展。借助行业专家、专业技术、科研资源等，安化黑茶产业行稳致远。包装、物流、旅游、设计、广告等是其直接的带动产业。同时，安化很多黑茶企业发展壮大后，又拿出大量资金反哺农业、反哺农民，积极改善当地基础设施条件，搭桥修路，资助贫困学生，资助重病患者、孤寡老人。以湖南华莱为例，到2020年累计上缴国家税收逾10亿元，累计捐资社会公益事业近6亿

安化把"小茶叶"做成"大产业"，把小茶园做成大景区

元，其中支持地方基础设施建设1亿多元，资助贫困学生、特困家庭、五保对象近1亿元。

**跨区域打造乡村振兴新模式。** 2021年7月26日，在湖南省安化县启动的"黑茶产业助力乡村振兴研讨会"上，湖南安化县与云南普洱思茅区，安化龙头企业华莱与普洱龙头企业龙润分别签署了跨区域合作的战略合作协议。

湖南华莱热心公益事业，到2020年累计捐助社会资金近6亿元

安化黑茶"联手"云南普洱，探索了一种新时代背景下跨区域打造乡村振兴新模式，探讨如何打造中国黑茶振兴乡村新蓝本，以此来促进我国黑茶产业全产业链发展，助推茶产业成为乡村振兴的重要产业。安化是湖南黑茶发展的最重点区域，全国黑茶知名品牌创建示范区和中国特色农产品优势区，也是湖南省乡村振兴重点帮扶县和益阳市"两点一片"乡村振兴重点县。同是中国黑茶两大核心产区的普洱是普洱茶的原产地，和安化有着相同的故事，都是因茶而得名、因茶而兴旺，普洱茶产业以提质增效为核心，以技术创新为驱动，以茶农增收为目标，大力推进茶产业第一、二、三产业的融合发展，覆盖全市10个县（区），茶农130万人，占总人口的一半多，成为普洱支柱产业和乡村振兴的重要力量。

本次研讨会上，湖南和云南两大黑茶核心产区正式"联姻"：安化县人民政府与云南省农业产业化国家重点龙头企业云南龙润茶业集团签订招商引资协议，云南省思茅区人民政府与安化县国家农业产业化重点龙头企业湖南华莱签订招商引资协议。

　　此次签约的圆满成功，标志着中国两大黑茶核心产区携手并进，共创未来，在湖南、云南乃至全国都具有开创性意义。通过资源共享、优势互补、共同发展，安化黑茶、云南普洱这两款地理标志产品有望联合打造成中国黑茶产业的标杆。今后，双方不仅会在品牌、管理、科研、文化等方面互补共享，共同赋能，还将不断拓展国际化视野，不断提升实践创新能力，助推中国黑茶产业高质量发展，全力将中国黑茶打造成为乡村振兴的支柱产业。

2021年7月26日，安化县人民政府与云南龙润集团在安化签订招商引资协议

2021年7月26日，湖南华莱与云南龙润集团在安化签订合作协议

# 第十三章

# 茶旅融合发展

　　安化因为一片小茶叶，成就了一个大产业，因为一个产业，带动了"茶旅文体康"一体化和县域经济的全面发展。安化黑茶迅速崛起吸引着茶界无数茶人的目光。2019年5月，在浙江杭州举行的第三届中国国际茶叶博览会上，湖南安化与浙江安吉、福建安溪作为具有标杆意义的中国产茶县代表被重点推荐，更被茶学专家定位为"三安"模式进行研究。安化黑茶在新时代再次迎来茶旅融合的"高光时刻"。

# 第一节
# 实施茶旅融合发展新业态

安化不断优化产业布局、调整产品结构、转变生产方式，以"黑茶+"的思路开展跨界融合，着力推进创新激发产业新活力，以"茶为基础，旅为媒介，文为内涵，体为活力，康为延伸"的"茶旅文体康"融合发展新模式，让黑茶产业链条不断延长。

**以"茶"为基础，品位安化正提升。** 安化因茶置县，安化黑茶作为该县的主导产业，2019年，其产量、产值、税收贡献度位列全国产茶县县域排名第一，安化县成为中国茶业百强县第一。不仅如此，茶产业也成为了安化脱贫致富的支柱产业，一片片"绿叶子"如今变成

*雪峰湖唐溪茶场*

了当地农户增收的"金叶子"。现在，安化正引进文创、旅游、日化、美食、新媒体等关联企业，推广以梅王宴为代表的黑茶美食，推出茶文化、茶戏剧，全面打造以"美茶颜、品茶点、走茶道、游茶园、食茶宴、赏茶戏、宿茶庄、忆茶事"为主题的安化24小时健康茶生活。茶乡花海的开园、温泉酒店的开业、黑茶大戏的开演，为安化

茶乡花海一隅

2018年6月19日至6月24日，马来西亚茶商考察团安化寻茶之旅

"茶旅文体康"开辟了一个崭新的局面。

**以"旅"为媒介，茶乡安化正形成。**借助安化独特的自然资源，利用绿水青山，安化以茶为主题、以旅游为内容，将茶文化遗址、生态茶园、茶企茶市建成旅游景区，将茶产品开发成旅游产品，将茶民俗、茶文化打造成特色旅游品牌，形成"以茶促旅、以旅带茶、茶旅互动"的一体化发展局面。安化旅游节"安化与你四季有约"已形成了常态，安化年货节将梅山地区过年的习俗以"年味"为主线串联，已成为安化建设全域旅游的一个重要节会。据统计，2019年国庆期间，安化各景区共接待游客81.39万人次，同比增长15.97%；综合收入5.04亿，同比增长35.85%。云台山风景区、梅山文化园、黄沙坪黑茶小镇、茶乡花海、白沙溪茶厂等景区人头攒动，客流不断。如今，安化全域旅游的蓝图正徐徐展开。

安化旅游节茶乡花海景区

安化千两茶、茯砖茶制作技艺成为国家级非物质文化遗产

　　**以"文"为内涵，神韵安化筑灵魂。**安化历史悠久，人杰地灵，是梅山文化的发祥地，被誉为"世界羽毛球冠军的摇篮"。清代两江总督陶澍、云贵总督罗饶典、著名书法家黄自元，世界羽毛球冠军唐九红、龚智超、龚睿娜、黄穗、田卿就是从这里走向世界。安化以古老神秘文化为主题的蚩尤故里旅游区、以历史名人为主题的陶澍故里旅游区、以茶文化为主题的茶马古道旅游区逐步形成。梅山文化研究会、陶澍文化研究会相继成立。2010年，安化县委、县人民政府决定围绕"神韵安化"主题和打造"茶马古道"战略品牌，全面启动古茶亭、风雨廊桥、古塔、古桥等文物景点的维修工作，加快梅山文化、蚩尤等历史名人文化、羽毛球文化、黑茶文化与旅游业融合的进程，一张张文化名片不断刷新。制造工艺特殊的"安化千两茶"，被尊为"世界茶王"，其制作技艺列入了国家级非物质文化遗产保护名录。至2019年，唐家观古镇等6处"万里茶道"文化遗产成功列入《中国世界文化遗产预备名单》，湖南安化黑茶文化系统完成中国重要农业文化遗产申报工作。梅城文武庙古建筑群和渠江茶园入选国家级重点文物保护单位。安化将以万里茶道世界文化遗产申报为抓手，加大对

安化黑茶文物的保护和文化的挖掘，同时大力实施梅山文化"七个一工程"，梅山文化的精神内核"吃得苦、霸得蛮、拼得命、不信狠"将进一步丰富"茶旅文体康"融合发展的文化内涵。

**以"康"为延伸，康养安化新时尚。** 安化森林资源丰富，曾获得"全国绿化模范县""中国厚朴之乡""中国竹子之乡""湖南省林业十强县""中国黑茶之乡""中国最佳养生休闲旅游胜地"等称誉，是康养的绝佳之地。不仅如此，安化还荣获"湖南省中药材种植基地示范县"称号。随着产业基础不断加强，安化中医药健康产业打造以安化黄精为主的"安五味·养五藏"公共品牌，建设"五品一核两翼多基地"产业发展整体布局初显成效。目前，拟投资50亿元的安化紫薇谷文旅康养综合体项目正在紧锣密鼓地建设。拥有"湘中药库"美誉的安化正迸发源源不断的新活力。

安化以创建国家现代农业产业园和安化黑茶特色小镇建设为抓

安化县柘溪水库

手，加快茶产业和旅游业转型升级、深度融合。充分挖掘安化黑茶的健康密码，大力推进茶瓷、茶药、茶酒、茶体等产业深度融合，打造更多地标产品。"茶为基础，旅为媒介，文为内涵，体为活力，康为延伸"的安化"茶旅文体康"产业必将成为安化发展蓝图的新引擎。

安化县国家现代农业产业园

安化黑茶特色小镇

# 第二节
# 创新安化黑茶文化传播形式

　　安化坚持政府搭台、企业唱戏，突出"安化黑茶　健康大业"的主题，推动了安化"茶旅文体康"的深度融合发展。坚持"公共品牌+企业品牌"联动宣推的模式，提升了安化黑茶的开放度和知名度，使安化黑茶的品牌影响力越来越大，有效推进了安化黑茶产业规模升级、效益升级。

　　**定格安化黑茶文化节，不断创新安化黑茶文化内涵。**"湖南·安化黑茶文化节"每三年一届，从2009年开始至今已连续举办五届的湖南·安化黑茶文化节，规模宏大，气势磅礴，主题鲜明，影响深远。通过五届安化黑茶文化节的精心打造，"湖南·安化黑茶文化节"已成为国内茶叶行业的重要节会，成为擦亮千亿湘茶战略益阳名片的茶界盛会。"湖南·安化黑茶文化节"已从一场营销盛会华丽变身为品牌盛宴。安化以节会友，聚英才商大计；以节促旅，聚人气兴产业；以节促建，夯基础谋深远；通过办文化节有力地促进了安化项目大提速、环境大提质、形象大提升、精神大提振，为县域经济社会发展注入了强劲活力。

　　2015年，第三届安化黑茶文化节以"天下黑茶　神韵安化"为主题，实行"政府搭台、企业唱戏、突出特色、市场运作"的办节原则，举办了万里茶道文物保护利用演讲报告会、全国边销茶大会、中国黑茶博物馆开馆仪式、安化黑茶茶商大会、安化红茶获巴拿马博览

2015年10月23日，第三届中国湖南·安化黑茶文化节在"中国黑茶之乡"安化开幕

会金奖100周年纪念大会等系列主题活动和企业活动。开幕仪式上，国家质量监督检验检疫总局质量管理司副司长王海东向安化县授牌，授予安化黑茶产业聚集区"全国知名品牌创建示范区"称号。安化县向中国航天员中心赠送了"天宫2号与神舟11号任务太空用茶原生茶"；中国工程院院士陈宗懋宣布安化县荣获米兰"百年世博中国名茶金骆驼奖"。在此期间，安化还全方位展示了安化黑茶全产业发展实况，展现安化本土的黑茶人文生态，为区域内相关茶叶企业生产、加工、流通搭建交流、共享、同赢的合作平台。这是安化有史以来最大的开放性节会，参加人员达30万人次之多，当时被公认为业界之最。

2018年举行的第四届湖南·安化黑茶文化节，其主题为"安化黑茶 世界共享"，本届黑茶文化节进一步创新，把每年的10月28日确定为"中国黑茶日"，影响深远。第四届黑茶文化节不仅零距离展示茶乡风貌，还邀请国内外茶行业专家深入交流，共商品牌大计，积极

2018年10月28日，第四届湖南·安化黑茶文化节在安化开幕

推动安化黑茶的国际化进程。文化节期间，举行了第四届湖南·安化黑茶文化节开幕式、安化黑茶日、安化黑茶茶商大会暨健康养生高峰论坛、安化黑茶斗茶大会等精彩活动，揭开安化黑茶的神秘面纱，观众可身临其境体验安化黑茶的传统制作，更加直观地感受安化黑茶的

2018年10月27日，主题为"开放、创新——迎接万里茶道的新时代"的第六届中蒙俄万里茶道市长论坛在"中国黑茶之乡"湖南安化开幕

魅力。为复兴万里茶道、促进经贸合作，安化黑茶文化节期间，同时召开了第六届中蒙俄万里茶道市长论坛。此次论坛旨在积极挖掘、汲取万里茶道蕴含的政治、经济、文化、商贸、交通、旅游等丰富内容，传承万里茶道文明，打造重走万里茶道旅游路线，促进万里茶道沿线城市文化、旅游、经贸等领域的繁荣发展。论坛由开幕式、万里茶道论坛、市长圆桌会议暨交接旗仪式三个活动组成，来自中蒙俄三国80个节点城市的政府代表、10余个国际国内组织、专家学者、企业负责人等，就万里茶道的复兴与发展进行深入探讨，推动彼此间的交流与合作。

2021年，第五届湖南·安化黑茶文化节以"安化黑茶 健康大业"为主题，按照"高视野定位、高质量策划、高标准执行"的办节原则，举办了安化黑茶茶商大会暨中国茶产业新经济发展论坛、安化黑茶质量品鉴与价值评估中心授牌暨成立大会、《中国茶全书·安化黑茶卷》首发式、"24小时健康茶生活"体验游、安化黑茶展示展览等

2021年10月22日，第五届湖南·安化黑茶文化节在安化天下黑茶大剧院开幕

系列活动。向外界充分展示安化黑茶产业发展新路径、产城融合新面貌，有力地推动了安化"茶旅文体康"深度融合发展。在第五届湖南·安化黑茶文化节期间，安化县共洽谈各类合作项目30余个，达成投资合作项目14个，合同引资达102.408亿元，比上届黑茶文化节增长163.94%。签约的项目主要有中国水利水电第八工程局有限公司投资50亿元的安化县玉溪茶旅康养小镇开发项目，湖南胖鱼文化传媒有限公司投资2.8亿元的安化茶乡花海高端茶具、家居生产项目，湖南省白沙溪茶厂股份有限公司投资5亿元的大誉安化黑茶全产业链开发项目等。

　　每一届黑茶文化节的成功举办，都见证着安化黑茶"一片叶子富裕一方百姓"的产业传奇，黑茶文化节从一场营销盛会华丽变身为品牌盛宴，它不单单为安化黑茶公共品牌提供强大动力，更为安化"茶旅文体康"深入融合发展注入源源活力。

　　**不断创新文化传播形式，强化安化黑茶品牌文化建设。**坚持"公共品牌＋企业品牌"联动宣推的模式，创造性举办了多次在国内外具

2016年10月"安化黑茶少林·泰山行"系列活动

有影响力的茶事活动：以"安化黑茶'登五岳'"为主题，2016年开展安化黑茶进少林、登泰山活动，2017年开展安化黑茶上南岳活动等；以"安化黑茶进军旅、援边疆"为主题，开展安化黑茶登"辽宁

2018年4月25日，安化黑茶大型推广活动"挑担茶叶上北京"启程仪式在陶澍广场隆重举行。图为安化县人民政府县长肖义为车队授旗并宣布启程

2022年8月22—24日，"潇湘五彩·瓷茶风云"湖南省瓷茶产业融合发展大会暨文旅推广活动在长沙举行

2016年11月10日，一场主题为"时间发酵的味道——中国安化黑茶对话罗马尼亚红酒"系列活动启动仪式在湖南省益阳市举行

舰""益阳舰"等活动；举办"挑担茶叶上北京"大型推广活动，通过首都文化资源优势，持续创新宣传、营销方式，迅速提升安化黑茶影响力；以"'潇湘五彩·瓷茶风云'湖南省瓷茶产业融合发展"为主题，助力安化黑茶和醴陵陶瓷两大"湘"字号品牌跨界跨区域合作；以"安化黑茶'欧洲行'""安化黑茶'北美行'"为主题，通过"重走中蒙俄万里茶道""中国安化黑茶对话罗马尼亚红酒"等系列主题活动，在美国、俄罗斯、匈牙利、捷克、罗马尼亚、乌克兰等国举行大型黑茶推介会，进一步扩大了安化黑茶在国外的影响，实现了多向交流，效果良好。同时积极参加全国重大茶事活动，尤其是农业部、中国茶叶流通协会等牵头组织的茶博会及评比活动。基本实现"抱团"式参加，并注重选择主题，形成亮点，留下记忆。紧紧抓住实施"一带一路"战略的契机，加大了安化黑茶在亚洲及欧美市场的宣传推介力度，积极参与"万里茶道"世界文化遗产申报工作。组织安化黑茶抱团欧洲行、北美行等系列活动，取得了良好的宣传效果。

北京首都国际机场的安化黑茶广告

**牵手现代媒体和户外广告，展示安化黑茶风采，提高黑茶美誉度。**"一品千年 安化黑茶"公共品牌广告从2016年开始，连续不断地在CCTV-1综合频道和CCTV-13新闻频道并机直播的《新闻30分》、CCTV-4中文国际频道《海峡两岸》，以及CCTV-9纪录频道《自然》《发现》《人文地理》栏目中播出，得到了社会各界的高度关注。先后与新华社、中央电视台、人民日报、中国报道、新华网、人民网等开展长期合作，包括制作传播《万里茶道》《鉴宝》等专题片，在黄金时段播放广告片。与省级和市、县级媒体合作比较广泛，在湖南卫视、湖南经视、湖南茶频道以及安徽、浙江、上海、广东、山东、河南等地方媒体经常开展宣传。湖南卫视的6集新闻纪录大片《黑茶大业》，于2018年两会前连续播出，影响广泛。湖南经视2016年国庆期间"走进中国黑茶之乡"等活动对安化及茶产业进行了系统的宣传推介。公共品牌及企业品牌在电媒、网媒、纸媒等新闻媒介上投入空

2018年10月18日，中国黑茶标志性品牌白沙溪与广铁集团和华铁传媒合作，首列安化黑茶品牌冠名高铁"白沙溪"号在长沙首发

前，影响巨大。与《人民日报》《中国报道》《茶周刊》《中华茶人》等纸质媒体密切合作，还不间断地开展微博、抖音、微电影等多种形式的宣传。《安化黑茶》杂志发行到全国100余个大、中城市，安化黑茶网站及平台完成升级，自主宣传阵地得到巩固。同时开展流动与固定形式的户外宣传，已取得北京至广州、北京至上海8列高铁的冠名权，在北京首都国际机场、长沙黄花国际机场、北京西客站、长张高速、二广高速、益安高速等机场、车站、高速公路上的广告宣传位有上百个。其他形式的宣传推陈出新，尤其是企业个性宣传不断刷新纪录。各种宣传方式展示了安化黑茶风采，极大地提高了安化黑茶的关注度和美誉度。

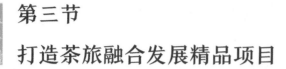

# 第三节
# 打造茶旅融合发展精品项目

　　安化黑茶既是千年茶文化的沉淀，又是一种与文旅互为依托、高度融合的产品。黑茶的文化属性、健康属性、贮藏属性以及茶产业的绿色生态属性，赋予了安化黑茶巨大的业态创新空间，茶旅融合发展是安化黑茶转型升级的新亮点。

　　**实施茶旅融合发展战略，打造24小时健康茶生活。**近年来，围绕黑茶产业，安化坚持生态优先、绿色发展的理念，深度推进茶山、茶湖、茶带、茶路建设，形成"以点集群、连群成廊、走廊带区、片区发展"的全景旅游体验格局；打造了"一条资水风光带贯穿县域、两

安化黑茶小镇黄沙坪古茶市

探梅山文化

走茶马古道

赏茶乡花海

观云台山云海

个旅游综合服务核兼顾东西、三条特色旅游发展廊道串联全境、八处旅游引擎项目辐射带动、十个旅游主题小镇彰显特色、百家茶旅庄园点缀成趣"的旅游发展总体布局。突出茶旅一体化特色，全力打造一批有品质、有规模、有影响的茶旅观光园区，重点建好了资水两岸"生态茶廊"、茶马古道沿线"生态茶带"、雪峰湖沿库"生态茶湖"和芙蓉山区域"生态茶山"。如今，在安化，走茶马古道、观云台山云海、赏茶乡花海、探梅山文化、逛古茶市、住茶园民宿，感受24小时健康茶生活，成为了外来游客的一种新体验。

　　**挖掘茶文化历史，助推茶旅融合精品项目。** "万里茶道"联合申遗工作进展顺利，在2019年入选《中国世界文化遗产预备名单》，其中鹞子尖古道、安化风雨桥、安化古茶厂、梅山产茶区传统村落、资水两岸古茶市、古茶园等茶文化遗存列入"万里茶道"申遗筛选项目。茶文化遗产作为申报"万里茶道"世界性的文化品牌，与当地良好的自然生态、旅游资源、绿色产品开发等结合起来，形成文化旅游产业集群。茶马古道风景区、云台山风景区、梅山文化园和茶乡花海被评为国家AAAA级旅游景区，中茶湖南安化第一茶厂被评为国家AAA级旅游景区，东坪黑茶小镇被评为省级特色文旅小镇，安化云台山八角茶业有限公司和湖南省高马山农业有限公司被评为湖南省级工业旅游示范点，高马二溪村被评为"全国乡村特色产业亿元村"。

　　为进一步做好茶旅结合，安化以重点工程项目建设为平台，推进茶旅深度融合。先后带动了中国黑茶博物馆、黑茶小镇、茶乡花海生态文化体验园、梅山文化园、茶马古道风景区、雪峰湖地质公园、天

梅山文化生态园

江南镇洞市风雨廊桥"永锡桥"

2022年11月22日，由湖南安化黑茶集团有限公司筹建运营的安化黑茶馆隆重开馆

下黑茶演艺中心和百花寨茶旅文康一体化开发项目等20多个重点项目的实施。以"天下黑茶　神韵安化"为主题，以"千年黑茶、万年溶洞、亿年冰碛岩"为重要载体，策划和打造了多条"以茶为媒"的精品旅游路线，推进茶旅一体化进程。2022年，"走茶马古道，品安化黑茶"的游客年均910万人次以上，旅游综合收入达95亿元，实现了茶产业和旅游业互动发展。

# 附 录

## 安化黑茶大事记

### 西汉

汉文帝十二年至后元四年（前168—前160）　1972年长沙马王堆汉墓（经考证为西汉初期长沙国丞相、轪侯利苍的家族墓葬）出土有两竹篾箱黑色颗粒状物品及"槚一笥"竹简，经考证"槚一笥"即"苦茶一箱"，竹篾箱内实物用显微镜切片分析是茶。经专家进一步考证，是安化黑茶的历史原型。

### 唐

贞观十五年（641）　文成公主远嫁吐蕃，带阳团茶和渠江薄片茶，以备水土不服、肠胃不适之用。到西藏不久，用阳团茶煮奶酪，发明酥油奶茶。

大中十年（856）六月　杨晔《膳夫经手录》成书，共4卷（现残存1卷），是至今发现的最早记载安化茶叶的史籍。《膳夫经手录》

载"潭州茶、阳团茶粗恶；渠江薄片茶（有油苦硬）……"，远销湖北、江陵、襄樊……

# 五代

后梁开平二年（908）　马楚国王马殷听取判官高郁的建议，"乃自京师至襄、唐、郢、复等州置邸，务以卖茶，其利十倍"，"又令民自造茶以通商旅，而收其算，岁以万计"，这是马殷以茶强国的古老实践。

清泰二年（935）　毛文锡完成《茶谱》创作。《茶谱》记载："潭州之间有渠江，中有茶，而多毒蛇猛兽，乡人每年采撷不过十六七斤。其色如铁，而芬香异常，烹之无滓也。"又"渠江薄片，一斤八十枚"。

# 宋

庆历五年（1045）　与西夏议和，每年向西夏贡茶叶3万斤。朝廷派军队到资水中游（今安化）收茶，再押运北上。

熙宁五年（1072）　章惇开梅山置安化县，隶潭州长沙郡。毛渐任知县。全县分为四乡、五都。

绍兴三十二年（1162）　《宋会要辑稿·食货》二九产茶额载，湖南路潭州府共产茶1.04万担，占整个湖南省（包括荆湖北路）的58.4%。安化其时产茶2,000担左右。

乾道二年（1166）　茶农、茶贩反对朝廷茶叶专卖及重税政策，首领赖文政〔湖广荆南（今湖北江陵）人〕发动起义，聚众达数千人，旋遭官兵镇压。

淳熙二年（1175）　　义军复于湖北聚众起义，转战湖南茶乡，率部路过安化，在资水沿岸一带杀富济贫，不久又遭镇压。后官府为防"茶寇"复起，设龙塘寨，派兵把守。

# 元

至元八年至至正二十八年（1271—1368）　　清同治《安化县志》载，安化茶当北宋"启疆之初，茶犹力而求诸野"，而到元代"民渐艺植……深山穷峪，无不种茶。居民大半以茶为业，邑土产推此第一"。

# 明

洪武二十四年（1391）　　明朝廷规定，长沙府安化县贡茶22斤、宁乡县贡茶20斤、益阳县贡茶20斤。其中，安化县贡茶由县衙督仙溪、大桥、龙溪、九渡水等地采制，称"四保贡茶"。

嘉靖三年（1524）　　《明史》卷八十《食货志四·茶法》载"商茶低伪，悉征黑茶"，"黑茶"一词首次见诸文字。

万历六年（1578）　　李时珍《本草纲目》："楚之茶，则有荆州之仙人掌，湖南之白露，长沙之铁色，蕲州蕲门之团面，寿州霍山之黄芽，庐州之六安英山，武昌之樊山，岳州之巴陵，辰州之溆浦，湖南之宝庆、茶陵……皆产茶有名者。"

万历十九年（1591）　　黄一正辑注类书《事物绀珠》41卷，自天文、地理至琐言琐事共46目。该书"今茶名"有99种，包括渠江茶、潭州铁色茶。"古制造茶名"中有"薄片（出渠江，一斤八十枚）"。

万历二十五年（1597）　　《明神宗实录》卷三百零八载："（户部）折中二议，以汉茶为主，湖茶佐之。各商中引，先给汉川。完日方给湖南。如汉引不足，听于湖引内据补"。安化黑茶自此取得"官茶"地位。

崇祯二年（1629）二月　　安化籍退休官员林之兰，代安化当地茶农就茶政管理问题3次上书行省、府、县，并将每次批示的禀帖勒石为碑，立于县衙前和要道口，以警示茶农、茶商和管理者。

# 清

顺治元年（1644）　　"泾阳砖每块称一'封'，每封重量为旧制五斤，每二封装一篾篓"。此为茯砖茶最早的文字记载。《安化黑茶》有"泾阳茯茶，历史悠久，安化原料"等记载。

康熙年间（1662－1722）　　赵尔巽主编的《清史稿》记载，清初茶法沿袭明代，官茶由茶商自陕西领引纳税，带引赴湖南安化采买，每引正茶100斤，准带附茶14斤。

雍正八年（1730）　　安化苞芷园立茶叶禁碑，禁止掺杂使假、外路茶入境、越境私贩等。

乾隆二十一年（1756）　　清光绪《湖南通志》记载，湖南巡抚陈宏谋奏定安化引茶章程，雨前细茶，先尽引商收买，雨后之茶，方可卖给客贩。

乾隆二十二年（1757）　　陈宏谋修、范咸、欧阳正焕所纂《湖南通志》载："［物产］茶。产安化者佳，充贡而外，西北各省多用此茶，而甘省及西域外藩需之尤切，设立官商，做成茶封，抽取官茶以充市易、赏赉诸蒙古之用。每年商贾云集。君山茶则为次。"

乾隆二十七年（1762） 江昱《潇湘听雨录》："湘中产茶不一其地，安化售于湘潭，即名湘潭，极为行远。"

乾隆三十年（1765） 赵学敏著《本草纲目拾遗》记载："安化茶，出湖南，粗梗大叶，须以水煎，或滚汤冲入壶内，再以火温之，始出味，其色浓黑，味苦中带甘，食之清神和胃。性温，味苦微甘，下膈气、消滞，去寒澼。《湘潭县志》：《茶谱》有潭州铁色茶，即安化县茶也，今京师皆称湘潭茶。"

道光二年（1822）冬 为规范茶叶交易，平定买卖纷争，安化县知县刘冀程铸成"刘公铁码"24副颁发各茶叶集散地。

道光十年至十二年（1830—1832） 何秋涛《朔方备乘》载"《澳门月报》曰：欧罗巴销用茶，以荷兰、俄罗斯两国为最。俄罗斯在北边蒙古地买茶，道光十年买五十六万三千四百四十棒（磅），道光十二年买六百四十六万一千棒（磅），皆系黑茶"。

咸丰四年（1854） 《湖南省安化茶厂史》记载，安化创制红茶，年产约10万箱，转销欧美，称曰"广庄"。安化工夫红茶在国内外享有盛誉。雷男《安化茶业调查》载，安化于咸丰初制造红茶，当时年产10万箱，十分之六七销往俄国，其余销往英美。

同治七年（1868） 安化知县陶燮成厘定红茶章程，是为国内第一个红茶章程。

同治八年（1869） 为防止茶行借办贡茶剥削茶户，四保地方绅士和产户自行捐钱购置田产，以租谷出粜收入办理贡茶。这一办法得到县令邱育泉的支持，并出示晓谕。编订《保贡卷宗》。

同治十二年（1873） 陕甘总督左宗棠平定回民起义后，奏请厘定甘肃引茶章程，以票代引；除原有东、西柜外，添设南柜，遴选长沙茶商朱昌琳任南柜总商。

同治十年至十二年（1871—1873） 《海关华洋贸易册》载，山西商人有大量的茶叶和砖茶经陆路运往蒙古及恰克图，砖茶来自湖北和湖南。1871年为202,184关担（10,109吨）。1872年为148,964关担（7,448吨），1873年为192,311关担（9,615.5吨）。

光绪元年（1875） 《湖南之财政、茶厘述略》第三章载，湘省洋装红茶每年销售汉口90余万箱（约27,670吨），岁入库银千余万两，其中安化40万箱。

光绪十二年（1886） 安化县产销茶叶1.2万余吨，为历史上最高年产量。

清末民初 晋茶商长裕川茶庄伙友王载赓据旧本抄录的《行商遗要》流传。这是一本详细记录安化茶叶采购、加工、运输等环节的重要历史文献。

# 中华民国

民国四年（1915） 5—8月，安化红茶在巴拿马万国博览会上获金奖。

民国五年（1916） 1月30日，上海《申报》载，湖南巡按使拟设立模范制茶场，经商务总会召集会议决定，所设茶场为官商合办，常年经费暂定为60万元，总场设在岳阳，专办验茶与运销等事。并设三处分场，第一分场设在安化，兼理安化、桃源各县制茶事务。第二分场设在平江，兼管临湘、湘阴、平江等县制茶事务。第三分场设在长沙，兼管浏阳、长沙等县制茶事务。

民国六年（1917） 《大公报》转载《安化县署茶业调查报告》

记载，丁巳年（1917）出口红茶12万箱，黑茶（花卷）2万卷，引茶约800票（每票2,400公斤）。以上折合共6,971吨。

是年，湖南省国民政府在长沙市岳麓山下创办湖南茶叶讲习所。

民国八年（1919）　7月27日（七月初一），安化县知事朱恩湛奉民政司批准立案厘定黑茶章程十则。

民国九年（1920）　湖南茶叶讲习所在安化籍人士彭国钧等的力主下由岳麓山迁往安化小淹镇。

民国十一年（1922）　《湖南之财政、茶厘述略》载，安化红茶外销40万箱（12,096吨），占湖南红茶出口的44.9%，全国的12.1%。

民国十六年（1927）　湖南茶叶讲习所再从安化小淹迁安化黄沙坪，翌年7月奉命停办，改为"湖南省茶事试验场"。

民国十七年（1928）　湖南省茶事试验场场长冯绍裘从上海购置蒸茶机、复炒机、炒揉机、揉捻机、干燥机等5台制茶机械，是湖南系统应用机械制茶之始。

民国二十一年（1932）　湖南省茶事试验场场长冯绍裘设计发明木制揉茶机和A型烘茶机，并在茶区推广，开始了安化茶由人工揉茶向机械揉茶的历史性转变。

民国二十五年（1936）　7月，总场设于安化县的"湖南省茶事试验场"改为"湖南省第三农事试验场"，湖南省建设厅委派技正刘宝书兼任场长。

民国二十七年（1938）　8月，湖南私立修业高级农业职业学校由长沙迁至安化县资水南岸褒家冲。其前身是清光绪二十九年（1903）创立于长沙马王庙的修业学校。安化籍教育家彭国钧任修业学校校长。

是年，湖南省农业改进所茶作组成立，"湖南省第三农事试验场"与该所合并更名为"安化茶场"，隶属省农业改进所领导，技正刘宝书仍兼茶场主任。湖南省茶叶管理处联合湖南私立修业高级农业职业学校师生，在资水两岸动员茶区群众组织茶叶生产合作社98个，有社员4,671人、社股9,522元。

民国二十八年（1939） 2月，"湖南省农业改进所茶作组"改为"湖南省茶叶管理处"，由省建设厅管理，设办事处于长沙和安化东坪。安化小淹人彭先泽任湖南省茶叶管理处副处长。

5月，省茶叶管理处派副处长彭先泽至安化江南试制出第一块黑茶砖，开辟了湖南黑茶压制的历史先河。

民国二十九年（1940） 3月，压制样砖200片，品质"堪合苏销"。

8月，成立湖南省茶叶管理处砖茶厂，彭先泽任厂长。秋，湖南私立修业高级农业职业学校利用安化茶场的师资和技术力量开设茶科专业。

11月，湖南省茶叶管理处砖茶厂（设于安化江南坪）生产黑砖茶2,073箱（1,110吨），经衡阳运往香港出口苏联。

是年，彭先泽《安化黑茶》一书问世。湖南省安化茶场的黄本鸿先后研制成功茶叶筛分机、捞筛机、轧茶机、抖筛机、脚踏撞筛机及拼堆机，用于红茶精制加工。

民国三十年（1941） 1月，"湖南省茶叶管理处砖茶厂"更名为"湖南省砖茶厂"，由省建设厅直辖，厂址仍设安化江南坪。

7月，首批10万片黑砖茶西运抵甘肃兰州销售。

9月，在桃源沙坪设立分厂。

民国三十一年（1942） 6月1日，"湖南省砖茶厂"更名为

"国营中国茶叶公司湖南省砖茶厂"，彭先泽仍主持厂务。

12月，国民政府行政院颁发《砖茶运销西北办法纲要》，对边销黑茶的价格、交通等做出明确规定。

冬，安化茶场的黄本鸿利用积存的红茶末以土法提炼茶素获得成功。

民国三十二年（1943）　5月，湖南省砖茶厂改由中国茶叶公司与湖南省政府合办，更名为"国营中国茶叶公司湖南砖茶厂"，厂址在安化江南坪，并在安化酉州加设分厂。

是年，湖南砖茶厂在江南试压获茯砖茶66箱、528片，是为茯砖茶在湖南制造的开始。

民国三十三年（1944）　国民党政府中国农民银行、湖南省银行及西北民生银行实业公司集资建安化茶叶公司，设安化砖茶厂于安化白沙溪，压制安化黑砖茶。湖南砖茶厂制成黑砖7,280吨，运往兰州交贸易委员会兰州办事处。其中4,000吨转运新疆哈密，用作与苏联易货贸易，其余供应西北边销。

民国三十四年（1945）　5月，彭国钧及茶商陈绍云等组织安化茶盐运输服务处。雇脚夫肩挑马驮茶、盐往返于安化、湖北三斗坪之间。

6月2日，"国营中国茶叶公司湖南砖茶厂"更名为"复兴公司湖南砖茶厂"。

民国三十五年（1946）　5月10日，"复兴公司湖南砖茶厂"更名为"中央信托局湖南砖茶厂"。

7月，湖南省政府第30次常务会议决议，成立湖南省制茶厂，安化茶场并入湖南省制茶厂为研究单位。厂址仍在安化江南坪。

是年，湖南省银行与私营华安、大中华等3家茶厂联合组设华湘茶厂于安化西州，以加工黑砖茶为主，每年边销约40万片。另有7家私营茶厂生产的黑砖茶及紧压茶由西北茶商运销。王云飞（后任安化实验茶场副场长）编印《茶作学》，用以指导全国茶叶栽培。

民国三十六年（1947）　年初，公私合营的湖南茶叶公司制茶厂在安化江南坪成立，并接收停办的中央信托局湖南砖茶厂的全部设备。李厚徵任总经理，姚贤凯任副厂长。

4月，公私合营的安化茶叶公司成立，在小淹镇设安化制茶厂。彭石年任董事长，彭先泽任总经理，彭中劲任厂长。

民国三十七年（1948）　9月，安化制茶厂在小淹镇白沙溪口购地12亩，自建原料收购站、工场、烘房、包装楼及货栈。

## 中华人民共和国

1949年　10月，湖南军事管制委员会贸易处派军代表于非接管公私合营的安化茶叶公司制茶厂和湖南茶叶公司制茶厂。

1950年　1月，中国茶叶公司安化砖茶厂成立，总厂设江南坪，分厂设白沙溪。

2月，中国茶叶公司安化红茶厂（安化茶厂）正式成立，隶属中国茶叶公司安化支公司领导，第一任厂长黄本鸿。

3月，彭先泽著《安化黑茶砖》出版。

是年，国家开始对茶叶实行统购，茶农不得对外出售茶叶或自由交易。

1951年　1月，中国茶叶公司安化砖茶厂从江南坪举迁小淹白沙溪。

2月，湖南省人民政府发出布告：按茶类划分生产收购区域，划定区域内不得生产其他茶类。安化划分为三大类产区。

4月，安化茶场职工第一次向毛泽东主席写感谢信，并随信寄上玉露茶0.5公斤。此举得到了中央办公厅秘书处的回信和勉励。

1952年　9月，苏联科学院院士、茶叶专家贝可夫，带领索利魏也夫、哈利巴伐等人，来安化考察茶叶，学习红茶和黑茶技术。

是年，安化县供销社设置黑茶收购站4个、红茶收购站6个，收购茶叶62,964担。以后，收购站发展到75个，存在32年。湖南省白沙溪茶厂从江南边江招收安化千两茶制作技工刘应斌、刘雨瑞为正式职工，传授技术，是年，制作安化千两茶40支，使安化千两茶制作技术得以传承。安化、益阳、桃江、汉寿、临湘、宁乡、沅江等7县被指定为边销茶原料产地，其中安化、桃江、临湘是传统生产老区。

1953年　3月，"中国茶叶公司安化红茶厂"改名为"中国茶叶公司安化第一茶厂"，"安化砖茶厂"改名为"中国茶叶公司安化第二茶厂"。

是年，安化第二茶厂（原白沙溪茶厂前身）试制茯砖茶成功，打破了"茯砖只能产于泾阳"的传统制茶格局。黄本鸿编著《红茶精制》一书，全面论述红茶精制原理、制茶机械、定额管理和工艺技术，是中国第一本红茶精制专著。受西南农林部委托，在安化茶场设置了西南茶叶干部学习班，有四川、贵州、云南、广西、西康等省学员40余人参加。

1954年　1月，中国茶叶公司第一茶厂、第二茶厂合并为"湖南省茶叶公司安化茶厂"。是年，安化茶厂全面应用机器精制茶叶，基本结束千年来靠手工操作的历史。

1955年　安化县云台山伍芬回互助组精制绿茶1公斤，寄给毛泽东主席品尝。中央办公厅回信勉励"茶质很好,希努力发展",并给付茶资。

1956年　湖南省茶叶公司安化第二茶厂被评为全国5个优秀茶厂之一,李华鸿被评为全国劳动模范。

1957年　根据湖南省供销社指示精神,茶叶收购方式由委托代购改为内部调拨。

3月,湖南省茶叶公司安化茶厂重新恢复为"安化第一茶厂"和"安化第二茶厂"。

12月30日,湖南省人民委员会批准"安化第二茶厂"迁至益阳市,改建成"湖南省益阳茶厂",原"安化第二茶厂"更名为"益阳茶厂安化白沙溪精制车间"。

1958年　4月,中央第二商业部茶叶采购局牵头组成的分级红茶(红碎茶)试验工作组在安化县茶场试制分级红茶获得成功。

9月16日,毛泽东主席在安徽舒城视察,发出"以后山坡上要多多开辟茶园"的指示,其后湖南茶叶生产再度加速发展。

是年,益阳茶厂安化白沙溪精制车间改手制茯砖为机压茯砖。中国第一片花砖茶在益阳茶厂安化白沙溪精制车间问世。商业部烟茶局及湖南省商业厅派员组成黑茶初制工具实验工作组,在湖南省安化县江南人民公社制成一套黑茶初制机械,即滚筒杀青机、卧式揉茶机、立式解块机、间接加温简单干燥机。安化县在安化茶场开设半工半读茶叶学校,设高中、初中班,学制2—3年,毕业4期共200人。经益阳地区、湖南省批准,安化县茶场加挂"安化县茶叶实验场"的牌子。

1959年　2月,安化县设立县茶业局。

7月1日,于1957年10月2日开始筹建的湖南省益阳茶厂正式投产。

是年，响应毛泽东主席"以后山坡上要多多开辟茶园"的号召，全县办茶场250个，面积达2,066.7公顷。安化茶场创制"安化松针"名茶，向中华人民共和国成立10周年献礼。

1962年　根据上级指示精神，茶叶收购方式复由内部调拨改为委托代购。

1963年　中共安化县委成立县茶叶工作办公室，取代县茶业局的职能。

12月，湖南省茶叶研究所研究员、安化茶叶专家谌介国受中央对外经委的派遣，赴马里共和国指导种茶，并于1965年获大面积试种成功，结束了马里不能生产茶叶的历史。

1964年　4月9日，湖南省编制委员会批准安化县成立茶叶技术推广站，是全省第一个技术指导站。

1965年　1月，湖南省益阳茶厂安化白沙溪精制车间正式独立，改名为"湖南省白沙溪茶厂"。

是年，在福州召开的"全国茶树品种资源研究及利用学术讨论会"上，安化云台山大叶种作为全国第一批21个群体名优茶种之一，向国内推广。安化县茶叶学校恢复招生，设高中、初中班，共招学生76人，于1968年毕业。

1966年　9月，成立湖南省临湘茶厂筹建委员会，由湖南省益阳茶厂负责人主持筹建工作，并从该厂抽调18人参与筹建，这些人后来成为临湘茶厂的骨干。

1969年　7月，安化县茶场副场长蒋冬兴任茶叶专家组长，赴马里共和国指导茶叶栽培、丰产、加工工作，马里茶园产量实现翻番，为马里成为产茶大国奠定了基础。

1971年　安化县改由县多种经营办公室管理茶业。

1973年　4月，根据湖南省（73）商字第121号和127号补充文件精神，茶叶收购方式再一次改委托代购为调拨作价。

1974年　4月10日，全国茶叶生产会议明确安化、桃江为全国茶叶重点县。

1975年　安化县五七大学①增办茶叶专业，共招收两个班，其中1976年毕业41人，1979年毕业44人。

1976年　全国茶叶产量达5万担的18个县中，有益阳地区桃江、安化、益阳3个县。

1977年　5月，农林部、对外贸易部、全国供销合作总社在安徽休宁联合召开全国年产茶叶5万担县经验交流会。会议确定的5万担县18个，包括安化县、桃江县、益阳县。

6月，湖南省茶叶公司在安化茶厂召开益阳、黔阳两地区红碎茶生产经验交流会。

1979年　12月，益阳地区茶叶学会经地区科委批准成立，首批会员67人，由李同春、熊雄、黄千麟、甘舒志等15人组成理事会。

1980年　3月，安化县创办"安化县茶叶公司"，为国家民委定点边销茶生产企业之一。

1982年　安化县累计建成红碎茶厂21个，年产量6,300多吨，总产值500多万元。全国茶叶普查，全国县级产茶排名：安化第二名，桃江第五名，益阳第八名。

---

①　按毛泽东五七指示办起的以培养初级农业技术人员为宗旨的非正规性学校，简称"五七大学"。

　　**1983年**　7月，湖南省白沙溪茶厂生产的花砖茶在全国边销茶优质产品评选会上被评为商业部优质产品。是月，湖南省益阳茶厂生产的"中茶"牌特制茯砖茶在全国紧压茶质量评比会议中荣获"商业部优质产品"称号。安化县大办社队茶场，新建茶园8.442万公顷，茶园总面积达16.75万公顷。白沙溪茶厂请回一批退休老师傅，以带徒弟示范表演的方式，踩制安化千两茶300支。

　　**1984年**　6月，国务院转发商业部《关于调整茶叶购销政策和改革流通体制意见的报告》，改变了茶叶由国营茶厂独家经营的状况，茶叶收购、加工、销售开始出现多家竞争局面。

　　7月，安化县第一家民营企业"安化西州茶行"由谌小丰在东坪镇西州村创办。

　　9月，湖南省农业厅在安化县城东坪召开茶叶现场会，参观了安化县茶场、唐溪乡五一茶场（今唐溪茶场）、马路镇八角塘村及科技示范户龚寿松的丰产茶园和品种试验区。

　　是年，经国务院批准除黑茶仍为国家二类物资实行派购外，其余各种茶类放开经营。安化有多家茶企进入流通渠道。从1982年开始的安化县茶资源普查和茶区规划结束，共取得各种数据11万多个，汇编成册，成为安化茶业发展的重要参考资料。

　　**1985年**　10月，新疆维吾尔自治区成立30周年，湖南省益阳茶厂生产的"民族团结"茯砖被中央代表团选为礼品，由国务院副总理王震亲手赠送给了新疆人民。同月，著名华侨教育家、全国侨联主席张国基，视察益阳茶厂，题写"益阳砖茶香万里"。

　　**1986年**　年初，由商业部茶畜局提出，委托湖南农学院、湖南省益阳茶厂起草《中华人民共和国国家标准·紧压茶·茯砖茶》，所有技术指标与参数都参考了湖南省益阳茶厂的企业标准。

8月，商业部在福州召开全国名茶评选会议，评出全国名茶43个，"安化松针"茶入选。

1987年　2月，经湖南省人民政府批准，湖南省益阳茶厂、安化茶厂为紧压茶出口生产厂家。

5月，湖南省白沙溪茶厂生产的安化黑砖茶、花砖茶，在全国紧压茶优质产品评选会上被评为"商业部优质产品"。

1988年　9月，经国家技术监督局批准，《中华人民共和国国家标准·紧压茶·茯砖茶》发布实施。

10月，白沙溪茶厂举行50周年厂庆活动。

12月，湖南省益阳茶厂"中茶"牌特制茯砖荣获首届中国食品博览会金奖。

1990年　湖南省白沙溪茶厂试制青砖茶获得成功。《安化县茶叶志》出版，为我国县级编写茶叶专志之先。

1991年　1月，国家民委、商业部等国家六部委联合发文，将湖南省益阳茶厂、湖南省白沙溪茶厂、安化县茶叶公司茶厂、益阳县砖茶厂、桃江县香炉山茶厂确定为国家边销茶定点生产企业。

1993年　湖南省白沙溪茶厂生产的"中茶"牌9101青砖产品出口蒙古国。

1994年　安化县茶叶公司茶厂研制生产的"荷香茯砖茶"获蒙古乌兰巴托国际食品工业贸易产品博览会金奖。

1995年　10月，湖南省益阳茶厂率先研制开发出加碘茯砖茶系列产品，获得中国地方病协会颁发的合格证书。

11月，安化茶厂"猴王"牌工夫红茶被中国茶叶流通协会评为

"中国茶叶名牌"产品。

1996年　10月，湖南省益阳茶厂"中茶"牌特制茯砖茶被中国茶叶流通协会评为"中国茶叶名牌"产品。

1997年　白沙溪茶厂恢复生产安化千两茶。

1998年　5月，益阳市政府拨款30万元，租赁赫山区跳石茶场13.33公顷茶园，建立益阳市茶叶良种繁殖示范基地。

9月5—6日，益阳茶厂成功承办中国茶叶流通协会边销茶委员会第五次会议。

1999年　2月，湖南省茶叶进出口公司将安化茶厂定为湖红工夫茶原箱出口定点厂。

10月18日，湖南省白沙溪茶厂举办60周年厂庆活动。

2000年　3月，湖南省益阳茶厂首次由国家确定为边销茶原料代储企业。

5月，湖南省益阳茶厂自主研究、设计、制作出国内先进的茯砖茶电气自动化生产加工技术设备，并经全线调试后投入正常生产。

是年，益阳茶厂研制的加碘茯砖和试制瓶装茯茶饮料获得成功。

2001年　11月，湖南省益阳茶厂"湘益"牌特制茯砖茶产品荣获中国国际现代农业博览会"名牌产品"称号。

是年，台湾茶文化学者曾至贤写成《方圆之缘——深探紧压茶世界》一书，赞扬安化千两茶是"茶文化的经典，茶叶历史的浓缩，茶中的极品"。

2004年　10月21日，在北京举办的第一届中国国际茶业博览会，共有40个国家和地区参展商与会。会议发表了《中国茶业北京宣言》。本届博览会纪念茶由安化黑茶著名品牌白沙溪荣誉出品。

2005年　2月，在央视《鉴宝》栏目中，陕西一家茶叶公司盘库清理出的两篓湖南白沙溪茶厂的天尖黑茶，每一篓拍出了48万元的天价。

是年，湖南农业大学、湖南省茶叶总公司、湖南白沙溪茶厂联合开发高档千两茶系列产品。安化千秋龙芽获第五届国际名茶评比金奖。中共安化县委、县政府提出了"安化黑茶，世界独有"的口号，并正式确定复兴安化黑茶为全县重点产业战略。

2006年　12月13日，安化县人民法院依法裁定宣告湖南省白沙溪茶厂破产。

12月14日，安化县茶产业茶文化开发领导小组成立，副县长蒋跃登兼任组长，吴章安任办公室主任。

12月18日，安化县茶业协会成立。

2007年　3月7日，益阳市茶业协会成立，中共益阳市委常委、市委宣传部部长徐耀辉兼任第一任会长。"安化黑茶""安化千两茶""安化茶"商标设计启动。

4月12日，益阳市茶业工作领导小组成立，由中共益阳市委常委、市人民政府常务副市长李稳石兼任组长。

5月18日，中共湖南省委书记、省人大常委会主任张春贤到安化考察移民后扶工作后，视察茶产业，指出"要做大做强做优湖南黑茶产业"，号召人们"走茶马古道，品历史名茶"。5月29日，中共安化县委、安化县人民政府印发《关于做大做强茶叶产业的意见》（安发〔2007〕1号）。5月，益阳市茶叶局成立，易梁生为第一任局长。

6月，湖南白沙溪茶厂改制成股份制企业，更名为"湖南省白沙溪茶厂股份有限公司"，刘新安为改制后的第一任总经理。6月28日，在安化县农业局加挂"安化县茶业局"牌子。

8月6日，向国家工商总局申请"安化黑茶""安化千两茶"注册商标，并被正式受理。

9月23日，北京奥运会"迎奥运茶火炬"两套12支，由北京奥运经济研究会茶产业专家委员会委托安化晋丰厚茶号制作。

10月14日，由湖南省白沙溪茶厂股份有限公司制作的"迎奥运2008安化千两茶王"，在第四届中国国际茶业博览会（北京）开幕式上，通过茶博会组委会转送给第二十九届奥运会组委会。

11月28日，《安化黑茶、安化千两茶生产制作技术及企业条件规范》作为第一部安化黑茶县级标准公布。

2008年　4月13日，中共益阳市人民政府办公室印发《关于在全市统一打造"安化黑茶"品牌的通知》（益政办函〔2008〕40号）。4月15日，湖南省质量技术监督局发布《安化千两茶》（湖南省地方标准DB43/389-2008），于2008年5月15日开始实施。

6月7日，安化千两茶、益阳茯砖茶制作技艺被列入第二批国家级非物质文化遗产名录。

8月6日，安化县人民政府办公室印发《（中共安化县委安化县人民政府关于做大做强茶叶产业的意见）实施细则》的通知（安政办发〔2008〕113号）。8月16日，湖南省省长周强率省供销合作总社、省茶业有限公司及益阳市、安化县的领导到湖南省白沙溪茶厂股份有限责任公司调研。

10月15日，湖南省副省长徐明华主持召开专题会议，研究加快发展安化黑茶产业问题。

12月5日，《益阳茶叶十年发展规划（2007—2016）》经湖南省茶叶专家组评审通过并按程序报批实施。

2009年　2月，在国家工商总局成功注册"安化黑茶""安化千两茶"证明商标。

9月，湖南华莱生物科技有限公司从长沙迁入安化冷市镇。

10月18—20日，由湖南省人民政府主办、益阳市人民政府承办的首届"中国·湖南（益阳）黑茶文化节暨安化黑茶博览会"在益阳举办，安化设置分会场。会上，中国茶叶流通协会授予益阳市"中国黑茶之乡"称号。

12月19日，国家技术监督局举行"安化黑茶"地理标志保护标志答辩会，曾学军参加答辩，并通过答辩。

是年，"白沙溪""安化黑茶"品牌被国家确认为"中国黑茶标志性品牌"。

2010年　4月20日，湖南省副省长甘霖在安化县主持召开专题会议，研究安化黑茶产业发展相关问题，并于5月4日出台《关于扶持安化黑茶出口及外销有关问题的会议纪要》（湘府阅〔2010〕36号）。

5月1日至10月31日，在上海市举行第四十一届世界博览会。以"白沙溪""湘益"为代表的安化黑茶跻身"中国世博十大名茶"，入驻上海世博会联合国馆。

8月4日，湖南省委副书记、代省长徐守盛到益阳考察，指导安化黑茶产业发展。在第六届中国茶业经济年会上，安化县、桃江县被评为"2010全国重点产茶县"，并跻身全国十强。"安化黑茶"被国家质检总局列入国家地理标志产品保护目录。《安化黑茶 千两茶》《安化黑茶通用技术要求》等6个湖南省地方标准发布实施。

2011年　2月，安化县职业中专学校加挂"安化黑茶学校"牌子，招收茶叶专业学生。

5月4—24日，"安化黑茶"欧洲代表团分别在匈牙利、捷克、罗马尼亚、乌克兰、俄罗斯举行大型黑茶推介会，并签订战略合作协议。

6月27日，益阳市人民政府印发《安化黑茶地理标志产品保护管理办法》（益政发〔2011〕14号）。

11月，湖南省白沙溪茶厂股份有限公司荣获"湖南省农业产业化重点龙头企业"称号。

是年，"安化黑茶"被国家工商总局认定为"中国驰名商标"。《安化黑茶包装标识运输贮存技术规范》《安化黑茶加工通用技术要求》等7个湖南省地方标准发布实施。

2012年　3月17日，湖南省农业厅和益阳市人民政府在湖南农业大学联合举办了"安化黑茶质量标准体系建设与审评技术高级培训班"。

4月27日，益阳茶厂有限公司的"湘益"商标被国家工商总局认定为"中国驰名商标"。

7月，"茶叶之路"与城市发展中蒙俄市长峰会在二连浩特举行，益阳市与20多个到会城市共同签署《"茶叶之路"国际城市联盟章程》及《共同声明》。

8月26日，安化黑茶正式入驻老舍茶馆。

9月23日，由益阳市人民政府批准成立的"安化黑茶国际评鉴委员会"召开成立大会。陈宗懋院士任顾问，博士生导师刘仲华教授担任主任。

9月24—28日，第二届中国·湖南（益阳）黑茶文化节暨安化黑茶博览会以"绿色益阳 健康黑茶"为主题在益阳举办，安化设置分会场。

11月23—30日，安化县第十六届人大第一次会议通过《关于加快旅游产业发展推进茶旅一体化工作的决议》。

12月31日，湖南省白沙溪茶厂股份有限公司"白沙溪"商标被国家工商总局认定为"中国驰名商标"。

是年，安化千两茶制作方法获国家发明专利。

2013年　1月，益阳茶厂有限公司与湖南农业大学合作的《黑茶保健功能发掘与产业化关键技术与创新》项目荣获2012年度湖南省科技进步一等奖。

5月11日，全国政协副主席、国家民委主任王正伟，在湖南省副省长张硕辅、省政协副主席武吉海的陪同下，到益阳茶厂有限公司调研。

8月1日，中共湖南省委书记、省人大常委会主任徐守盛到安化调研黑茶产业建设。

9月18－22日，在台北市举办"2013湖南两岸文化创意产业合作周"系列活动，以安化黑茶为代表的湘茶首次亮相中国台湾。

9月下旬，在内蒙古二连浩特市召开的第二届"万里茶道"与城市发展中蒙俄市长峰会上，中蒙俄三国相关城市共同发起"万里茶道申请世界文化遗产"倡议。

10月，万隆黑茶产业园正式入驻安化县经济开发区并开工建设。

11月30日，以"重走茶叶之路·传播中华文化·振兴亚欧商道"为主题的"重走茶叶之路"活动在湖南安化凤凰岛正式启程。120峰骆驼满载安化黑茶，将途经湖南、湖北、河南、山西、河北、北京、内蒙古等地，抵达二连浩特口岸后，由驼队转换成车队，穿越蒙古国、俄罗斯、波兰、比利时等国，到达终点法国巴黎。

是年，安化县茶园面积1.49万公顷，茶叶加工量4.05万吨，综合产值60亿元，茶产业税收过亿元。安化千两茶制作方法获得"湖南省重点发明专利"和"湖南专利奖一等奖"。

2014年　　3月4日，全国茶叶标准化技术委员会黑茶工作组在长沙正式成立。3月25日，安化县遵照国家质检总局要求，在"安化黑茶产业聚集区"的基础上筹建"全国安化黑茶产业知名品牌创建示范区"，正式成立创建办启动创建工作。

4月16—18日，益阳市人民政府组织黑茶代表团参加哈萨克斯坦首都阿斯塔纳举办的第十七届国际食品及饮料展。

5月，安化县人民政府印发《2014—2020年安化黑茶产业发展规划》。

8月15日，第三届山西茶博会暨首届安化黑茶（山西）文化节在中国（太原）煤炭博物馆举行，安化县人民政府向山西省茶叶学会、晋商博物院、祁县人民政府等5个单位赠送安化千两茶。

10月12日，安化黑茶产业发展科学家论坛在安化县举行，安化县聘请7位科学家担任安化黑茶产业发展首席顾问。10月20日，在第十届中国茶业经济年会上，安化县被中国茶叶流通协会授予"2014年度中国茶产业十大转型升级示范县"称号，并位居第一。当月，《安化黑茶》杂志创刊发行。

是年，浙江大学中国茶叶品牌价值评估课题组公布：安化县3个茶叶公用品牌估价28.78亿元。其中，安化黑茶13.58亿元，安化千两茶8.65亿元，安化茶6.55亿元。安化黑茶企业在哈萨克斯坦举办安化黑茶国际展销会。安化县有茶园面积1.68万公顷，茶叶加工企业98家，厂房总面积32万平方米，茶叶加工量4.95万吨，年加工能力10万吨以上，综合产值78亿元，茶产业税收1.2亿元。

2015年　　4月14—16日，国际食品和饮料展在波兰华沙举行。湖南省人民政府牵头组织了数十家安化黑茶企业参展，并在匈牙利和捷克共和国首都举行了安化黑茶推介会。

5月1日至10月31日，第四十二届世界博览会在意大利米兰市举行。"安化黑茶"公共品牌荣获百年世博中国名茶金奖。

6月28日，国家民委授予益阳茶厂有限公司、白沙溪茶厂股份有限公司"2014年度全国民族贸易和民族特需商品生产百强企业"称号。湖南省白沙溪茶厂股份有限公司投资2亿元的"白沙溪黑茶文化产业园"正式建成开园。

10月20日，在第十一届中国茶业经济年会上，安化县继续稳居全国重点产茶县十强。10月22日，中国黑茶博物馆在安化县正式开馆，是中国第一个黑茶专业博物馆。10月22—25日，第三届中国湖南·安化黑茶文化节回归安化黑茶原产地安化举办。当月，国家质检总局正式批准安化县创建"全国安化黑茶产业知名品牌创建示范区"并授牌。曾学军被湖南省农委任命为湖南省现代农业技术体系雪峰山区域茶叶综合实验站站长。

是年，安化县3个茶叶公用品牌估价达35.81亿元。其中，安化黑茶16.26亿元，安化千两茶10.92亿元，安化茶8.63亿元。是年，安化县茶园面积达1.88万公顷，茶叶加工量5.6吨，实现综合产值102亿元，茶产业税收1.5亿元。

**2016年**　2月4日，中共湖南省委副书记、省长杜家毫视察安化，提出茶产业要帮助群众脱贫致富。当月，经国家质量技术监督局批准，"国家黑茶产品质量监督检验中心"在益阳挂牌成立。

3月17日，益阳市茶叶办制定发布《益阳市茶叶产业"十三五"规划》。3月25日，第一届中国安化黑茶开园仪式在马路镇千秋界茶园基地举行。

6月15日，美国世界茶业博览会在美国拉斯维加斯国际会展中心举办。益阳茶厂、湖南华莱等6家安化黑茶企业参展。

7月1日，安化县茶业协会负责制定的《安化黑茶证明商标使用管理办法》生效施行。

10月14日，湖南华莱生物科技有限公司被国家农业部、发改委等8部委认定为"农业产业化国家重点龙头企业"。10月22日，一支由30余辆车组成的车队，从安化县黄沙坪出发，开启为期10天的重走万里茶道活动——"安化黑茶少林·泰山行"。同月，湖南省白沙溪茶厂股份有限公司被列为湖南省非物质文化遗产安化天尖茶制作技艺保护单位。

11月9日，安化"茶乡花海"正式开工建设。

是年，安化荣登全国十大生态产茶县榜首，跻身全国重点产茶县四强，黑茶产量稳居全国第一。安化黑茶跨入中国茶叶区域公用品牌二十强，品牌估价19.13亿元。新建茶园基地2,144公顷，改造老茶园369公顷，茶园总面积突破2万公顷；实现茶叶加工量6.5万吨，综合产值125亿元，茶产业税收1.8亿元。由农业部牵头组织的全国茶叶公共品牌评选中，安化黑茶获"全国十大茶叶区域公用品牌"。安化黑茶荣获"湖南省十大农业品牌"第一名。白沙溪茶厂有限责任公司自主实施的"天茯茶关键技术研究与应用"项目获得湖南省科技发明奖二等奖。同年，湖南农业大学刘仲华教授领衔的"黑茶提质增效关键技术创新与产业化应用"项目获得国家科学技术进步奖二等奖。

2017年    1月1日，国家质检总局、国家标准化管理委员会以2016年第8号公告发布的《黑茶  第1部分：基本要求》《黑茶  第2部分：花卷茶》《黑茶  第3部分：湘尖茶》三项国家标准正式实施。安化黑茶北京联盟成立暨安化黑茶北京战略发布会在北京召开。

4月28日至5月5日，法国巴黎国际博览会暨湖湘非遗文化展在法国巴黎凡尔赛门展览中心举行。白沙溪、益阳茶厂作为国家非物质文化遗产千两茶、茯砖茶制作技艺传承保护单位亮相展览中心。

5月18—21日，以"品茗千年　中国好茶"为主题的首届中国国际茶叶博览会在浙江杭州举办。中共中央总书记、国家主席习近平致辞祝贺。展会公布了"中国十大茶叶区域公用品牌"，安化黑茶成功入选，名列第三。

6月20日，益阳市启动国家级出口茶叶质量安全示范区创建，是年底完成省级验收。6月29日，第八届世界地理标志大会在扬州开幕，安化黑茶作为湖南唯一湘品参会。

7月，湖南省人大常委会原副主任蒋作斌带队，来安化进行黑茶产业专题调研，形成《安化黑茶产业发展调研报告》，省委书记杜家毫、省长许达哲等做了重要批示。

9月6日，安化县人民政府与湖南华莱生物科技有限公司签订框架协议，由华莱公司全额投资建设的"安化黑茶特色小镇"项目建设正式启动。9月8日，在第九届湖南茶业博览会上，安化县被评为2017年湖南"茶叶十强生态产茶县（市）"。

11月16日，褒家冲茶场建场百年庆典在安化东坪举行。

12月14—18日，第十五届中国（深圳）国际文化产业博览会举办"安化黑茶深圳文化周"活动，湖南华莱、中茶茶叶等60家安化黑茶企业参会。12月，白沙溪品牌荣获"2017湖南十大农业企业品牌"。

是年，益阳市茶叶产业综合产值突破200亿元大关，达到200.18亿元，茶园面积3.1万公顷，茶叶加工总量14万吨，茶产业税收达到3.5亿元。安化县茶园面积达2.21万公顷，实现茶叶加工量7.5万吨，综合产值152亿元，茶产业税收达3亿元。《云台大叶茶栽培技术规程》作为湖南省地方标准发布实施。

2018年　1月1日，《益阳市安化黑茶文化遗产保护条例》经益阳市第六届人民代表大会常务委员会第五次会议通过，湖南省第十二届人民代表大会常务委员会第三十三次会议批准正式实施。

3月4日，安化县人民政府与华莱生物科技有限公司签订"安化黑茶特色小镇"建设正式协议。3月31日，第三届中国湖南·安化黑茶开园节在白沙溪茶厂钧泽源有机生态观光茶园举行。当月，安化黑茶文化广场正式开工建设。

4月28日至5月3日，益阳市人民政府与北京市石景山区委、区政府联合举办了以"挑担茶叶上北京"为主题的"第十七届八大处中国园林茶文化节暨安化黑茶文化周"活动。

6月20日，中共益阳市委办公室、市政府办公室印发《关于推进安化黑茶产业持续健康发展的实施意见》（益办〔2018〕29号）文件，推动黑茶产业高质量发展。

8月16—18日，13家安化黑茶企业与3家安化红茶企业参展第十届香港国际茶展。

10月13日，安化黑茶产业离岸孵化中心在长沙正式运营，标志着安化黑茶销售实现从传统方式向电商方式的转变。10月27日，第六届中蒙俄万里茶道市长论坛在安化华天假日酒店湖南厅举行。10月28—30日，第四届湖南·安化黑茶（国际）文化节在安化举行，并将10月28日定为首个"安化黑茶日"。是月，白沙溪、怡清源、中茶、华莱、高马二溪、云上等公司与铁路传媒公司合作，分别推出的"安化黑茶·白沙溪专列""安化黑茶·中茶专列""安化黑茶·怡清源专列"等正式启程。

是年，经省人民政府推荐，农业农村部批准安化县创建国家现代农业产业园。湖南卫视播出6集新闻纪录大片《黑茶大业》。安化县成为中国生态产茶第一县、黑茶产量第一县、茶叶科技创新第一县、茶叶税收第一县。安化县茶园面积达2.35万公顷，实现茶叶加工量8.2万吨，综合产值180亿元，茶产业税收3亿元。

2019年　3月，撤销安化县茶业局（副科级）和安化县旅游产业发展办公室（正科级），合并成立安化县茶旅产业发展服务中心（简称"县茶旅中心"），为县人民政府直属公益一类正科级事业单位。

4月11日，安化黑茶在中国茶叶大会暨绍兴茶叶博览会、第十三届新昌大佛龙井茶文化节上入选"品牌价值前10位品牌"和"最具品牌发展力的三大品牌"。4月16日，2019年安化黑茶开园节在马路镇云台山村开幕，共评选出13位"明星茶农"、7家"最美茶宿"、10个"最美生态茶园"。4月23日，在农业农村部举办的"2019全国县域数字农业农村发展论坛"上，安化县被授予"2018年度全国县域数字农业农村发展水平评价先进县"，安化黑茶离岸孵化中心创新项目被授予"2018年度全国县域数字农业农村发展水平评价创新项目"。4月28日，"安化黑茶　世界共享——茶媒体走进安化"大型采风活动在安化启动，全国范围内多家行业媒体参与此次活动。

5月16日，在第三届中国当代茶文化发展论坛上，首次发布以"三安"（浙江安吉、福建安溪、湖南安化）为代表的中国县域茶和茶文化发展典型经验。5月17日，第三届中国国际茶业博览会的湖南·安化黑茶品牌推介会在杭州国际博览中心举行，安化县人民政府与全国供销合作总社杭州茶叶研究院签订"共建茶叶科技示范县协议"。

7月8日，举行北京世界园艺博览会"湖南日"益阳专场推介会，重点推介安化云台山国家石漠公园和安化黑茶。7月28日，组织14家茶企参加湖南贫困地区优质农产品（深圳）产销对接活动，进一步加强与粤港澳大湾区在农业领域的交流和合作。7月31日，湖南省发布首批十个特色农业小镇名单，黑茶小镇田庄乡入围。

8月16日，"湖南红茶·安化黑茶"品鉴推介活动在香港会展中心隆重举行。8月29日，安化县茶业协会进行换届选举，刘新安当选为会长。

9月6日，在第十一届湖南茶业博览会上，安化黑茶获湖南"十大名茶"称号。

9月29日至10月7日，县茶旅中心携手北京八大处公园举办第十八届北京八大处中国园林茶文化节暨安化黑茶文化周活动，共有44家安化黑茶品牌企业参展。

10月22日，在第十五届中国茶业经济年会上，安化获评"2019中国茶叶百强县（位列第一）""2019中国十大生态产茶县"。

11月5日，中茶安化第一茶厂新厂房落成。11月7—9日，第六届中华茶奥会在杭州举行，安化黑茶香木海芙蓉茯获第六届中华茶奥会茶品与鉴茶技能大赛（黑茶）金奖。11月15日，36家安化黑茶企业抱团参加2019"一乡一品国际商务博览会"，会上许达哲推荐安化黑茶。11月22日，刘仲华当选为中国工程院院士；第二届中国特色产业经济高峰论坛在深圳召开，安化获"中国特色产业百佳县"称号。

12月22日，安化县现代农业产业园被农业农村部认定为国家现代农业产业园。12月31日，湖南安化黑茶文化系统被认定为第五批中国重要农业文化遗产。

2020年 1月14日，安化举办"黑茶大业 健康中国——安化黑茶产业高质量发展"主题报告会，聘请中国工程院院士刘仲华为安化黑茶首席科学家。

2月22日至4月30日，举办全国首个"安化黑茶网上开园节"活动。

4月6日，拼多多总部团队来安化考察，并签订战略合作协议。4月28日，2020年湖南省（春季）乡村文化旅游节在安化县茶乡花海景区开幕，国家现代农业产业园安化黑茶成果展示馆正式运营。

5月21日，为庆祝首个国际茶日，"安化黑茶遇见火宫殿——安化黑茶主题品鉴活动"在长沙火宫殿举行。5月27日，《安化黑茶贮存通则》《安化黑茶茶艺》《安化云台大叶种茶苗繁育技术规程》等3个湖南省地方标准正式实施，标志着标准体系更趋完善。

7月26—28日，贵州茅台对话安化黑茶系列主题活动在安化举办。

8月16日，安化黑茶21世纪健康之饮高峰论坛暨"茯泽万方"新品发布会活动在广州举行。8月22—24日，安化县与醴陵市合作在长沙市举办"潇湘五彩·瓷茶风云"湖南省瓷茶产业融合发展大会暨文旅推广活动，数十家陶瓷企业和黑茶企业签署合作协议。

9月11—14日，第十二届湖南省茶业博会在湖南长沙举行，会上，安化县荣获湖南茶叶"十大精准脱贫先进县"称号。9月16—18日，由中远海运集团、安化县人民政府主办的"感恩中远海运"安化黑茶走进中远海运巡回品鉴活动在广州举行，共有17家安化黑茶企业参加。9月21日，在"2020阿里巴巴丰收购物节发布会"暨"中国农产品地域品牌价值授牌仪式"上，"安化黑茶"获评"中国农产品地域品牌价值2020年标杆品牌"，品牌价值评估达639.90亿元。9月22日，"安化红茶"顺利通过国家农产品地理标志登记评审。

10月22—25日，"2020北京国际茶业展、2020北京马连道国际茶文化展、2020安化黑茶（北京）文化节"（简称"两展一节"）在北京展览馆成功举办。活动期间，在安化黑茶专题推介会上签约招商项目19个，在八达岭长城举行"万里长城千年茶路　生命之茶'饮'领健康——安化黑茶历史文化推介会"。10月28日，安化黑茶抖音电商直播基地在安化县黄沙坪正式开播，是全国第一个茶类抖音电商直播基地。

11月1日，安化黑茶荣获全省首批"一县一特"农产品优秀品牌。11月18日，在第十六届中国茶业经济年会上，安化获评"十三五"茶业发展十强县，位列2020年度中国茶业百强县第三（连续12年进入前十强），湖南华莱生物科技有限公司和湖南省白沙溪茶厂股份有限责任公司入选"2020年度茶业百强企业"，湖南省白沙溪茶厂股份有限责任公司入选"2020年度茶业创新十强企业"。11月26—30日，2020中国（广州）国际茶业博览会在广州琶洲会展中心举行，在此期间举办全国首届"中国好茶 黑白对话"高峰论坛和"安化黑茶21世纪健康之饮"高峰论坛暨广东感恩答谢会，安化县共有22家企业参展，安化黑茶馆面积1,000平方米，现场茶叶销售额963万元。11月26日，安化云台山八角茶业有限公司总经理荣获"湖南省劳动模范"称号。

12月8日，"安化松针"顺利通过国家农产品地理标志登记评审。12月17日，湖南省褒家冲茶场的"褒"品牌、湖南省碧丹溪茶业有限公司的"碧丹溪"品牌、安化云台山八角茶业有限公司的"云台崖"品牌被评为第五批"湖南老字号"。

2021年　1月1日，黑茶获海关出口商品单独列目，标志着黑茶进出口拥有了正式的"身份证"。

3月18日，以"新起点，再出发，坚定不移推进安化黑茶高质量发展"为主题的安化黑茶产业发展大会在安化召开。会议表彰了"十三五"安化黑茶产业突出贡献十佳企业、优秀企业、公益企业、新锐茶人等，刘仲华院士工作站正式挂牌成立，刘仲华院士的《安化黑茶品质化学与健康密码》正式发布，安化县与湖南农业大学签订战略合作协议。

4月7日、4月15日、4月24日，2021安化黑茶开园节分别在马路镇、仙溪镇、田庄乡举办。4月13日，安化云台山风景区被评定为国家AAAA级旅游景区。4月29日，2021湖南红色文化旅游节——重走青年毛泽东游学社会调查之路启动仪式在梅城镇文武庙古建筑群前坪举行。

5月4日，启动安化抖音直播电商暨"百千计划"（发展培养100名运营人员、1,000名直播带货主播，实现抖音直播电商平台月销安化黑茶2,000万元以上并带动产业快速增长）。5月21日，在第四届中国国际茶叶博览会上举办了"安化黑茶　健康大业"安化黑茶推介会暨第五届湖南·安化黑茶文化节发布会，安化县获评"区域特色美丽茶乡"称号。

7月9日，安化县东坪文旅小镇获评省级特色产业文旅小镇。7月22日，安化县、安化黑茶、肖伟群分获"百县·百茶·百人"茶产业助力脱贫攻坚、乡村振兴先进典型。7月26日，"新征程·携手并进——黑茶产业助力乡村振兴研讨会"在安化举行，云南省普洱市思茅区与湖南省益阳市安化县、湖南华莱生物科技有限公司与云南龙润集团分别进行双边战略合作签约。

10月，安化县在第十七届中国茶业经济年会暨2021年中国茶业品牌盛典、第十三届湖南茶业博览会暨湖南茶叶乡村振兴"茶三十"活动上分别获"2021年度中国茶业百强县"、"三茶统筹"先行县域、2021湖南茶叶乡村振兴"十大重点县（市）"等称号，安化黑茶获2021湖南茶叶乡村振兴"十大领跑品牌"。10月11日，唐家观古镇被评为湖南省历史文化街区。10月21—24日，第五届湖南·安化黑茶文化节期间，收藏于故宫博物院的清代贡品"安化千两茶"（文物号"故173420"）回乡"探亲"举办"故宫情系安化 茶王荣归故里"故宫藏品"千两贡茶"公益展览，实现现场签约项目14个，全网相关报道达万余条，登上央视7点档《新闻联播》。

11月12日，举行安化黑茶国家地理标志产品保护示范区创建启动仪式，此次活动对提高安化黑茶产品质量和产品竞争力，提升安化黑茶的社会认知度和品牌美誉度具有重大意义。

12月13日，安化黑茶列入国家知识产权局第一批地理标志运用促进重点联系指导名录。

2022年　2月24日，安化县成立由县委书记石录明为链长的茶旅产业链并召开第一次链长会议，审议并原则通过了《安化县茶旅产业链领导小组工作职责及工作运行机制》《2022年安化县茶旅产业链工作要点》等相关文件。

4月6日，安化县茶旅产业发展服务中心院士专家工作站被评为2021年度湖南省模范院士专家工作站。

6月18日，安化县人民政府分别与湖南电广传媒股份有限公司、华声在线股份有限公司正式签署战略合作框架协议。6月30日，召开安化县2022年茶产业发展大会。

8月26—28日，举行"茶香溢四海 共话两岸情"湘台茶香会，助推两地融合发展。

9月3日，2022年安化黑茶高质量发展新闻发布会、第十四届湖南茶业博览会在长沙举行，发布安化黑茶公共文化IP体系和"安化黑茶无可TEA代"广告语，安化被评选为"十大茶旅融合示范县"。

10月11日，湖南安化黑茶集团有限公司正式揭牌，公司的成立致力于黑茶产业强链补链工作，助力安化黑茶产业健康高质量发展。

11月2日，安化县茶叶产业链联合党委成立，县茶业协会会长蒋跃登任党委书记。11月27日，召开安化县云台大叶种质资源优势与利用研讨会，促进了安化茶产业从品种到茶园再到产品的提质升级，将为安化茶行业打造全新的价值体系。11月29日，安化云台大叶茶树籽、安化黑茶茯茶金花（冠突散囊菌）、安化黑茶茯茶共61.4克实验材料通过神舟15号载人飞船前往空间站进行搭载实验。"中国传统制茶技艺及其相关习俗"44个国家级非遗代表性项目列入联合国教科文组织新一批人类非物质文化遗产代表作名录，其中湖南3个，黑茶制作技艺（千两茶制作技艺）、黑茶制作技艺（茯砖茶制作技艺）位列其中。

12月12日，湖南省文化和旅游厅在其官网发布《省级旅游度假区公示》通知，益阳市安化黑茶文化旅游度假区被确定为湖南省省级旅游度假区。12月24日，由湖南安化黑茶集团有限公司制作并获上海大世界基尼斯"中国最大铜茶壶"纪录认证的巨型铜茶壶亮相长沙世界之窗景区，为长沙市民朋友烹煮一壶千两浓香黑茶王，送上新年好彩头。12月26日，由《中国品牌》杂志社、中国品牌网主办的"2022中国区域农业品牌发展论坛暨中国区域农业品牌年度盛典系列活动"在北京线上举行。"安化黑茶"挺进"2022中国区域农业产业品牌影响力指数TOP100"，居第43位。

# 后 记

安化以茶兴业，以茶富民。在安化县委、县政府的正确决策部署下，安化选准一个产业、守住一张蓝图、唱响一个品牌、把握一个核心，黑茶产业砥砺奋进，行稳致远。安化黑茶已从一个产品上升到了一个产业，并成长为区域内规模大、品牌响、综合效益高、带动能力强的支柱产业和湖南省实现千亿湘茶战略目标的重要力量。

站在档案的视野，从安化黑茶演进的悠久历史，触摸深厚的历史文化底蕴；从安化黑茶产业的曲折前行，感知安化黑茶复兴的艰难探索；从安化黑茶品牌的迅速崛起，领悟安化黑茶产业十年磨一剑的成功实践——这些，我们认为值得好好总结。因此，我们决定充分发挥好档案资源的利用价值和决策服务作用，做到以史资政，编写《中国茶界的安化奇迹：档案见证历史》一书。

《中国茶界的安化奇迹：档案见证历史》按篇章结构，分3篇13章，共计20万余字。全书以安化黑茶产业发展史为脉络，以档案和文献为载体，以图文并茂的表现形式，充分发掘安化黑茶历史，通过对安化黑茶加以多维度记录、展示与分析，特别是深度挖掘安化黑茶现代产业形成的成功实践，全景式地展现安化黑茶由传统到现代的发展历程，反映安化黑茶历史档案中的厚重感，揭示安化黑茶万里茶道上的神秘感，体现安化黑茶走进新世纪的成就感。

编写该书，遇到了黑茶史料零散、资料残缺和图片不全等若干问题。尽管困难重重，工作过程中，我们特别注重以档案文献等史料为依据，先后经历了资料收集、甄别和文稿编写、征求意见、送审等几个环节。做到环环相扣，力求准确完整。但由于编写时间短、手头资料不全以及水平有限等原因，书中必有疏漏和不足。

本书的编写得到了安化县委常委、县委办公室主任廖小甫，安化县政协副主席、安化县茶旅产业领导小组副组长肖伟群和安化县茶叶产业链联合党委书记、安化县茶业协会会长蒋跃登等相关领导和专家的重视与指导；得到了安化县委办公室、安化县委宣传部、安化县国家现代农业产业园管委会、湖南安化黑茶集团有限公司、安化县文旅广体局、安化县茶旅发展服务中心、安化县档案馆和安化县黑茶博物馆等相关部门和单位的大力支持；得到了安化众多茶企、茶人的关注与帮助。蒋跃登主编的《中国茶全书·安化黑茶卷》为本书提供了大量资料，我们还参考了刘仲华主编的《安化黑茶品质化学与健康密码》、廖奇伟主编的《安化县茶叶志》、伍湘安主编的《安化黑茶》等专著以及廖建和主编的《安化茶业馆藏档案汇编》、李朴云主编的《安化黑茶》杂志，并参考采用了相关报刊、网络、书籍上发表的文章及图片。王严、刘刚贵、肖平安、聂可相、张毅、刘烈红、陈辉球、夏琼玲、丁海波、宁中、陶优瑞、蒋建祥、李芳等同志提供了部分很有价值的素材；周德淑、刘国平、刘昭球、李良兵、曾丽霞、张洋、卢跃等同志提供了部分很有分量的照片。在此表示衷心感谢！

档案见证历史，历史可以资政。希望通过该书总结提炼黑茶产业崛起的"安化奇迹"背后的成功经验，能为中国茶界提供"安化模式"，同时希望它给安化黑茶产业的持续健康发展增添动能，并给读者带来有益启示和借鉴。

编者

2023年3月

**图书在版编目（CIP）数据**

中国茶界的安化奇迹：档案见证历史 / 湖南省档案馆，中共安

化县委编著 . — 长沙：岳麓书社，2023.8

ISBN 978-7-5538-1839-9

Ⅰ .①中… Ⅱ .①湖… ②中… Ⅲ .①茶文化—安化县 Ⅳ .①TS971.21

中国国家版本馆 CIP 数据核字（2023）第 086549 号

ZHONGGUO CHAJIE DE ANHUA QIJI：DANG'AN JIANZHENG LISHI

# 中国茶界的安化奇迹：档案见证历史

编　　著：湖南省档案馆　中共安化县委

责任编辑：刘书乔　田　丹

统　　筹：蒋　浩　廖小甫

责任校对：舒　舍

特邀校对：刘烈红　邓生才

封面设计：刘　峰

岳麓书社出版发行

地址：湖南省长沙市爱民路 47 号

邮编：410006

版次：2023 年 8 月第 1 版

印次：2023 年 8 月第 1 次印刷

开本：710mm×1000mm 1/16

印张：19.5

字数：200 千字

书号：ISBN 978-7-5538-1839-9

定价：128.00 元

承印：湖南天闻新华印务有限公司

如有印装质量问题，请与本社印务部联系

电话：0731-88884129